复旦史地丛刊

历史政治地理对水患的响应

以明清时期的黄淮平原为中心

段伟 著

復旦大學出版社

目　录

绪　论

一、研究旨趣与意义

自然灾害一直伴随着人类社会，中国当前也面临着诸多自然灾害。1989 年 12 月在第 44 届联合国大会上通过了《国际减轻自然灾害十年国际行动纲领》，希望“通过一致的国际行动，特别是在发展中国家，减轻由地震、风灾、海啸、水灾、土崩、火山爆发、森林火灾、蚱蜢和蝗灾、旱灾和沙漠化以及其他自然灾害所造成的生命财产和社会经济失调”①。这说明联合国也已经认识到自然灾害对社会的影响不是偶然性的，而是一种常态影响。范宝俊在世界减灾大会上指出：“中国是世界上自然灾害发生频繁、受灾严重的少数国家之一。1949 年中华人民共和国成立以来，干旱平均每年出现 7.5 次，洪涝平均每年发生 5.8 次，登陆台风平均每年 7 个，沿海重大风暴潮等海洋灾害平均每年 7 次。四十多年

① 《第 44 届联合国大会〈国际减轻自然灾害十年国际行动纲领〉》，载范宝俊主编：《中国国际减灾十年实录》，当代中国出版社 2000 年版，第 44 页。

来共发生 7 级以上地震 50 余次。”[1]1997 年中国国际减灾十年委员会制定的《中华人民共和国减灾规划(1998—2010 年)》更进一步指出:“一般年份,全国受灾影响的人口约 2 亿人,其中死亡数千人,需转移安置约 300 万人,农作物受灾面积 4 000 多万公顷,倒塌房屋 300 万间左右。……按 1990 年不变价格计算,自然灾害造成的年均直接经济损失为: 50 年代 480 亿元,60 年代 570 亿元,70 年代 590 亿元,80 年代 690 亿元;进入 90 年代以后,年均已经超过 1 000 亿元。”[2]这些统计的灾害数据都促使学者提高对自然灾害研究的重视程度。研究如何应对自然灾害的影响,一直是人类社会的共同话题,对于当前的中国来说,更是尤为重要。

我国自秦汉时期以来,不仅自然灾害发生频率高,而且规模大,造成的社会损失非常严重。自然灾害一般会造成人员伤亡、房屋破坏、粮食减产,影响人们生存。更大的自然灾害还会破坏局部地区的生态环境,特别是水灾、地震和沙漠化,使灾民失去适宜生存的土地。由于自然灾害对生活影响重大,中国从先秦时期就开始注重研究自然灾害的发生规律。春秋时期的计倪(即计然)根据金、水、木、火四星的运行,预测旱涝规律。他提出:“太阴三岁处金则穰,三岁处水则毁,三岁处木则康,三岁处火则旱。”[3]这种规律探索虽然不一定准确,但影响甚大,利用占星等方法预测灾荒甚至到今天还存在。20 世纪以来,关注自然灾害的学者

① 《中国代表团团长范宝俊在世界减灾大会上的发言》(1994 年 5 月 23 日),载范宝俊主编:《中国国际减灾十年实录》,第 55—56 页。
② 《中华人民共和国减灾规划(1998—2010 年)》,载范宝俊主编:《中国国际减灾十年实录》,第 116 页。
③ 李步嘉:《越绝书校释》卷四《越绝计倪内经第五》,武汉大学出版社 1992 年版,第 97 页。

更是越来越多,但多数学者关注的是自然灾害对中国经济的影响、对自然环境的破坏,较少关注自然灾害对政治制度的影响。自然灾害对政治层面的影响不仅仅体现在统治王朝改元、策免三公、选举贤良、大赦、录囚[①]、官员之间的相互攻讦,还体现在其他诸多方面,如引发行政区划发生变化。历史上,为应对自然灾害因素(包括自然灾害本身和政府治理自然灾害两方面)出现的政区调整屡见不鲜。这些政区调整大的涉及两个政权之间的统治区域纷争,小的涉及乡、镇、村一级的区域调整。2008 年举世震惊的汶川大地震,导致北川县城迁移,就是中华人民共和国成立以来政治地理对地震响应的重要例子。

在 2008 年 5 月 12 日四川北川地震时,北川羌族自治县县城被夷为平地,当年 11 月,经国务院批准的北川新县城迁移至位于安县永安和安昌两镇东侧 2 千米处,可利用面积 8 平方千米左右,距离北川老县城约 23 千米,北川县将新增土地 283 平方千米。[②]

历史上为应对自然灾害而出现的行政区划调整多不胜数。行政区划简言之就是"根据国家行政管理和政治统治的需要,遵循有关的法律规定,充分考虑经济联系、地理条件、民族分布、历史传统、风俗习惯、地区差异和人口密度等客观因素,将国家的国土划分为若干层次、大小不同的行政区域系统,并在各个区域设置相应的地方国家权力机关和行政机关,建立政府公共管理网

① 段伟:《禳灾与减灾:秦汉社会自然灾害应对制度的形成》,复旦大学出版社 2008 年版,第 82—106 页。

② 肖青:《北川新县城选址敲定安县安昌镇》(2008 年 12 月 10 日),http://society.people.com.cn/GB/41158/8497870.html,最后浏览日期:2019 年 11 月 8 日。

络，为社会生活和社会交往明确空间定位”[1]。有学者认为：“从广义上说一个国家也是一个行政区。”[2]周振鹤指出，一个国家只能是一个政治区域而绝不是一个行政区，因为行政的基本内涵是管理，如果两者之间不存在管理与被管理的关系，也就不存在行政关系。一般人研究中国行政区划史，都从传说中的夏代开始，认为当时已经出现行政区划的概念。从夏代到商代一直到西周的一千多年的时间里，中央与地方的关系只体现在政治方面，未发生行政关系，故不存在任何行政区划。[3] 自春秋县、郡产生之后，行政区划正式诞生，它是经济、政治和社会的综合产物，政府划分行政区划必须考虑多方面的因素。自然灾害只是行政区划调整中的一项因素，且不是最重要的因素。然而，历史上因自然灾害而引发的政区调整为数很多，涉及不同地区和政区的层级，以政区调整来应对自然灾害成为传统时期政府的一种政治智慧。浦善新认为，行政区划变更可划分为六类：“1. 建制变更，包括增设、裁撤、改设，如县改市；2. 行政区域界线变更，即行政区域扩大或缩小；3. 行政机关驻地迁移；4. 隶属关系变更，即 A 行政区由甲管辖改为由乙管辖，对 A 行政区来讲就是隶属关系变更，而对甲、乙而言，实际上是行政区域界线变更；5. 行政等级变更，包括升级和降级；6. 更名，即改变行政区专名……在实际工作中，一个地方一次行政区划变更，可能只涉及上述六类中的一类，也可能

---

① 浦善新：《中国行政区划改革研究》，商务印书馆 2006 年版，第 1 页。

② 浦善新：《中国行政区划改革研究》，第 2 页。

③ 周振鹤主编，周振鹤、李晓杰著：《中国行政区划通史・总论、先秦卷》，复旦大学出版社 2009 年版，第 8 页。

涉及几类。”[①]虽然他总结的是当代的行政区划变更，但也适用于古代。而以自然灾害引发的政区变动来讲，也有上述六类的案例。

历史上，因自然灾害引发的政区调整，有成功，有失败，其中的经验教训却少有人总结，有必要从历史政治地理角度进行深入解读，深入挖掘我国传统时期政区管理的智慧，有利于今后的政区改革和自然灾害应对。

二、国内外研究现状概述

20 世纪以来，已经有不少学者开始用现代科学理论和技术手段从事对中国自然灾害史的研究。竺可桢是我国著名的气候学家，他的《中国近五千年来气候变迁的初步研究》[②]一直被学界重视，常予引用。他关于中国古代自然灾害的研究也很早，1925 年发表《中国历史上之旱灾》[③]，1926 年发表《论祈雨禁屠与旱灾》[④]，1933 年发表《中国历史时代之气候变迁》[⑤]。1931 年，李泰

---

① 浦善新：《中国行政区划改革研究》，第 1—2 页。

② 竺可桢：《中国近五千年来气候变迁的初步研究》，《考古学报》1972 年第 1 期。

③ 竺可桢：《中国历史上之旱灾》，《史地学报》1925 年第 3 卷第 6 期，载《竺可桢全集》第一卷，上海科技教育出版社 2004 年版，第 494—498 页。

④ 竺可桢：《论祈雨禁屠与旱灾》，《东方杂志》1926 年第 23 卷第 13 号，载《竺可桢全集》第一卷，第 539—550 页。

⑤ 竺可桢：《中国历史时代之气候变迁》，朱炳海译，《国风半月刊》1933 年第 2 卷第 4 期。原文系英文发表，篇名“Climatic Changes during Historic Time in China”，刊于德国出版的《地球物理学报》(*Gerlands Beitrage zur Geophysik*)1931 年第 32 卷“柯本教授七十岁纪念刊”，第 29—37 页，后收入《竺可桢全集》第二卷，上海科技教育出版社 2004 年版，第 134—140 页。

初发表《汉朝以来中国灾荒年表》，对历代灾荒进行了较为全面的统计[①]。最早出版有关中国自然灾荒研究专著的是来自美国的传教士马罗立(Walter H. Mallory)，1929年他在中国出版《饥荒的中国》，全书除结论外共分八章：饥荒之经济原因、饥荒之天然原因、饥荒之政治原因、饥荒之社会原因、饥荒之经济救治、饥荒之自然救治、饥荒之政治救治、饥荒之社会救治。[②] 1935年，黄泽苍出版《中国天灾问题》，全书分四章：从天灾之成因、中国天灾之深广度、天灾流行对于农村经济之影响、天灾之预防及其救济策分别予以阐述，另有结论。[③] 虽然篇幅不大，但全书构架新颖，惜后来学者对其关注不多。其后，邓云特(邓拓)在《中国救荒史》中对中国历史上的自然灾害做了开创性的研究[④]，结构安排和数据统计都非常有价值，这本经典著作至今仍是中国灾荒史研究的重要参考书。1942年王龙章编著的《中国历代灾况与振济政策》[⑤]篇幅较小，许多内容参考了《中国救荒史》。

近30年来，有关自然灾害历史的研究层出不穷。研究自然灾害史大致可分为两个方面：一是研究自然灾害本身，二是研究社会应对自然灾害的措施和思想。具体研究中，许多论著这两方面都有涉及，难以分开。探讨自然灾害本身，研究自然灾害的时空分布，历史学科和地理学科都有大量的研究成果。地理学科的研究擅长于描述自然灾害发生的气候背景和时空分布。仅2012

---

① 李泰初：《汉朝以来中国灾荒年表》，《新建设》1931年第14期。
② (美)马罗立：《饥荒的中国》，吴鹏飞译，民智书局1929年版。
③ 黄泽苍：《中国天灾问题》，商务印书馆1935年版。
④ 邓云特：《中国救荒史》，商务印书馆1937年版。
⑤ 王龙章：《中国历代灾况与振济政策》，独立出版社1942年版。

年发表的有关长时段的研究，重要的就有刘毅、杨宇《历史时期中国重大自然灾害时空分异特征》[1]，对我国历史上的重大自然灾害进行了系统的梳理，分析了公元前180—公元1911年和民国时期重大自然灾害发生的频次和损失的时空格局特征。中短时段的研究有赵景波、邢闪、周旗《关中平原明代霜雪灾害特征及小波分析研究》[2]，研究了该区明代霜雪灾害等级、阶段与灾害发生周期等；贾铁飞等《近600年来巢湖流域旱涝灾害研究》[3]重建了巢湖流域1370—1988年旱涝灾害等级序列，并进行连续功率谱分析；孟蝉、殷淑燕《清末以来陕西省汉江上游暴雨洪水灾害研究》[4]对清末以来（公元1832—2010年）汉江上游地区近200年中暴雨洪水的发生状况进行了深入研究。这方面的研究远不止这些，限于篇幅，不一一列举。历史地理研究也非常关注自然灾害的时空分布和历史气候变化，近年来的研究非常多。满志敏《明崇祯末年大蝗灾时空特征研究》[5]和《光绪三年北方大旱的气候背景》[6]，卜风贤《周秦两汉时期农业灾害时空分布研究》[7]和《三

---

① 刘毅、杨宇：《历史时期中国重大自然灾害时空分异特征》，《地理学报》2012年第3期。

② 赵景波、邢闪、周旗：《关中平原明代霜雪灾害特征及小波分析研究》，《地理科学》2012年第1期。

③ 贾铁飞、施汶好、郑辛酉等：《近600年来巢湖流域旱涝灾害研究》，《地理科学》2012年第1期。

④ 孟蝉、殷淑燕：《清末以来陕西省汉江上游暴雨洪水灾害研究》，《干旱区资源与环境》2012年第5期。

⑤ 满志敏：《明崇祯末年大蝗灾时空特征研究》，载《历史地理》第6辑，上海人民出版社1988年版。

⑥ 满志敏：《光绪三年北方大旱的气候背景》，《复旦学报（社会科学版）》2000年第6期。

⑦ 卜风贤：《周秦两汉时期农业灾害时空分布研究》，《地理科学》2002年第4期。

国魏晋南北朝时期农业灾害时空分布研究》[1]，邓辉、姜卫峰《1464—1913年华北地区沙尘暴活动的时空特点》[2]，朱圣钟《明清时期凉山地区水旱灾害时空分布特征》[3]，吴朋飞等《明代河南大水灾城洪涝灾害时空特征分析》[4]，马强、杨霄《明清时期嘉陵江流域水旱灾害时空分布特征》[5]等，都总结了历史时期某些自然灾害的时空分布规律和特点。著作方面，主要讨论自然灾害时空分布的并不多，杨煜达《清代云南季风气候与天气灾害研究》是其中的佼佼者[6]，全书重建了清代云南的雨季开始期、昆明雨季降水等级及冬季平均气温等方面的气候要素序列，分析典型灾害的天气背景和云南季风气候演变的特点。刘炳涛在《明清小冰期：气候重建与影响——基于长江中下游地区的研究》中汇集了明清气候研究的最新成果，通过对明清时期文献资料中有关长江中下游地区的气候信息进行搜集、整理和提取，讨论不同来源资料的特点和运用，以此为基础，对同时期长江中下游地区的温度、降水（梅雨）及极端气候事件进行重建，分析气候变化的特点，并分析了气候变化对长江中下游地区社会的影响

---

① 卜风贤：《三国魏晋南北朝时期农业灾害时空分布研究》，《中国农学通报》2004年第5期。

② 邓辉、姜卫峰：《1464—1913年华北地区沙尘暴活动的时空特点》，《自然科学进展》2006年第5期。

③ 朱圣钟：《明清时期凉山地区水旱灾害时空分布特征》，《地理研究》2012年第1期。

④ 吴朋飞、李娟、费杰：《明代河南大水灾城洪涝灾害时空特征分析》，《干旱区资源与环境》2012年第5期。

⑤ 马强、杨霄：《明清时期嘉陵江流域水旱灾害时空分布特征》，《地理研究》2013年第2期。

⑥ 杨煜达：《清代云南季风气候与天气灾害研究》，复旦大学出版社2006年版。

及应对措施。[1]王元林则在《泾洛流域自然环境变迁研究》一书中辟专章对泾洛流域的各类灾害地理进行了分析。[2]类似这种以专章形式在著作中讨论自然灾害的时空分布的研究尚有很多。

地理学科的研究著作更重视近代以来的自然灾害数据。王静爱等著《中国自然灾害时空格局》对近2000年的自然灾害有一个粗略统计和时空分析，但因为古代的数据并不完整，其价值没有近代以来的研究扎实。[3] 葛全胜等著《中国自然灾害风险综合评估初步研究》对历史上的各类自然灾害也有一个长篇概述，近代以来的数据也更为齐全。[4] 延军平等撰有《重大自然灾害时空对称性再研究》[5]，对汾渭盆地、台湾的地震时空对称性，京津唐地区的重大灾害，长江流域、西北中部、秦岭南北、黄土高原、淮河流域等地的旱涝灾害的时间对称性都有考述。

历史学科的研究对于时空分布的研究主要从断代出发，毕竟资料统计费时费力，单个学者很难完成长时段的研究。秦汉时期的研究，陈业新、王文涛、段伟都有时空分析[6]，资料收集比较齐

---

① 刘炳涛：《明清小冰期：气候重建与影响——基于长江中下游地区的研究》，中西书局2020年版。

② 王元林：《泾洛流域自然环境变迁研究》，中华书局2005年版。

③ 王静爱、史培军、王平、王瑛：《中国自然灾害时空格局》，科学出版社2006年版。

④ 葛全胜、邹铭、郑景云：《中国自然灾害风险综合评估初步研究》，科学出版社2008年版。

⑤ 延军平等：《重大自然灾害时空对称性再研究》，科学出版社2015年版。

⑥ 陈业新：《灾害与两汉社会研究》，上海人民出版社2004年版；王文涛：《秦汉社会保障研究——以灾害救助为中心的考察》，中华书局2007年版；段伟：《禳灾与减灾：秦汉社会自然灾害应对制度的形成》，复旦大学出版社2008年版。

全。魏晋南北朝时期有王亚利的博士论文《魏晋南北朝灾害研究》[①]，唐代有阎守诚主编《危机与应对：自然灾害与唐代社会》[②]，北宋有石涛的《北宋时期自然灾害与政府管理体系研究》[③]，元代有王培华的《元代北方灾荒与救济》[④]，明代有鞠明库的《灾害与明代政治》[⑤]，清代有李向军的《清代荒政研究》[⑥]。郑州大学袁祖亮主编《中国灾害通史》一套八册[⑦]，内容涵盖先秦至清代，不仅有大量自然灾害的时空分析，也有救荒制度的阐述，但由于某些时段史料选择的欠缺，结论还有待商榷。

有的研究专注于探讨自然灾害与社会的关系，这方面历史地理学科的研究较多。邹逸麟主编"500年来环境变迁与社会应对丛书"共汇集了五部研究成果，分别有陈业新《明至民国时期皖北地区灾害环境与社会应对研究》、冯贤亮《太湖平原的环境刻画与城乡变迁(1368—1912)》、尹玲玲《明清两湖平原的环境变迁与社会应对》、杨伟兵《云贵高原的土地利用与生态变迁(1659—1912)》和谢丽《清代至民国时期农业开发对塔里木盆地南缘生态环境的影响》。[⑧] 这五部专著的作者都曾跟随邹逸麟先生攻读博士学位或进行博士后研究，受邹先生的学术影响，风格比较接近，研究区域既有新疆、云贵等边疆省区，也有湖南、湖北、安徽等中部

---

① 王亚利：《魏晋南北朝灾害研究》，四川大学博士学位论文，2003年。

② 阎守诚主编：《危机与应对：自然灾害与唐代社会》，人民出版社2008年版。

③ 石涛：《北宋时期自然灾害与政府管理体系研究》，社会科学文献出版社2010年版。

④ 王培华：《元代北方灾荒与救济》，北京师范大学出版社2010年版。

⑤ 鞠明库：《灾害与明代政治》，中国社会科学出版社2011年版。

⑥ 李向军：《清代荒政研究》，中国农业出版社1995年版。

⑦ 袁祖亮主编：《中国灾害通史》，郑州大学出版社2008—2009年版。

⑧ 见邹逸麟主编"500年来环境变迁与社会应对丛书"(上海人民出版社2008年版)。

地区，还有江南沿海平原，虽然没有涵盖全国，但都比较有代表意义。这套丛书出版后，获得学界高度评价，荣获第二届中国出版政府奖。王建革《农牧生态与传统蒙古社会》《传统社会末期华北的生态与社会》《水乡生态与江南社会(9—20 世纪)》及《江南环境史研究》，从环境史的角度探讨了相关区域的自然环境与社会的互动。[①] 王元林、孟昭锋《自然灾害与历代中国政府应对研究》[②]梳理了先秦至明清时期的各代政府对自然灾害的应对措施。

目前研究自然灾害与救灾的论著主要集中在政府、社会组织的救灾思想和具体措施。除上述著作大多涉及这一领域外，通论性研究有孙绍骋《中国救灾制度研究》[③]，介绍了我国救灾措施、制度在不同历史时期的基本情况，阐述了我国救灾制度的演变，对救灾主体的作用、救灾资源流动的过程以及救灾环境都有重点分析；张涛等《中国传统救灾思想研究》[④]对 1911 年之前的中国传统救灾思想进行了广泛考察和系统梳理；李军《中国传统社会的救灾：供给、阻滞与演进》[⑤]论述了传统社会的救灾制度体系的构成和变迁原因。其他断代研究还有以下各书：先秦时期有甄尽忠《先秦社会救助思想研究》[⑥]，对先秦时期的自然灾害和社会

---

① 王建革：《农牧生态与传统蒙古社会》，山东人民出版社 2006 年版；《传统社会末期华北的生态与社会》，生活·读书·新知三联书店 2009 年版；《水乡生态与江南社会(9—20 世纪)》，北京大学出版社 2013 年版；《江南环境史研究》，科学出版社 2016 年版。

② 王元林、孟昭锋：《自然灾害与历代中国政府应对研究》，暨南大学出版社 2012 年版。

③ 孙绍骋：《中国救灾制度研究》，商务印书馆 2004 年版。

④ 张涛、项永琴、檀晶：《中国传统救灾思想研究》，社会科学文献出版社 2009 年版。

⑤ 李军：《中国传统社会的救灾：供给、阻滞与演进》，中国农业出版社 2011 年版。

⑥ 甄尽忠：《先秦社会救助思想研究》，中州古籍出版社 2008 年版。

救助思想都有描述；唐代有黄若惠《唐玄宗时期黄河流域中下游水患》[①]，在讨论唐玄宗时期黄河水患灾情的基础上，论述了治河与水利建设、农业灌溉及漕运与水患的关系，并指出救灾政策与水患对经济政治的影响；明代有蒋武雄《明代灾荒与救济政策之研究》[②]；清代有张艳丽《嘉道时期的灾荒与社会》[③]、康沛竹《灾荒与晚清政治》[④]。夏明方《民国时期自然灾害与乡村社会》[⑤]、杨琪《民国时期的减灾研究（1912—1937）》[⑥]对民国时期的灾荒与社会应对有深入研究。关于社会组织救灾，则有蔡勤禹的《国家、社会与弱势群体——民国时期的社会救济（1927—1949）》[⑦]《民间组织与灾荒救治——民国华洋义赈会研究》[⑧]、朱浒《地方性流动及其超越：晚清义赈与近代中国的新陈代谢》《民胞物与：中国近代义赈（1876—1912）》[⑨]、靳环宇《晚清义赈组织研究》[⑩]、苗艳丽《北洋政府时期云南民间社团灾荒救治研究》[⑪]。对于地区的灾

---

① 黄若惠：《古代历史文化研究辑刊》二编第16册《唐玄宗时期黄河流域中下游水患》，花木兰文化出版社2009年版。

② 蒋武雄：《古代历史文化研究辑刊》三编第18册《明代灾荒与救济政策之研究》，花木兰文化出版社2010年版。

③ 张艳丽：《嘉道时期的灾荒与社会》，人民出版社2008年版。

④ 康沛竹：《灾荒与晚清政治》，北京大学出版社2002年版。

⑤ 夏明方：《民国时期自然灾害与乡村社会》，中华书局2000年版。

⑥ 杨琪：《民国时期的减灾研究（1912—1937）》，齐鲁书社2009年版。

⑦ 蔡勤禹：《国家、社会与弱势群体——民国时期的社会救济（1927—1949）》，天津人民出版社2003年版。

⑧ 蔡勤禹：《民间组织与灾荒救治——民国华洋义赈会研究》，商务印书馆2005年版。

⑨ 朱浒：《地方性流动及其超越：晚清义赈与近代中国的新陈代谢》，中国人民大学出版社2006年版；《民胞物与：中国近代义赈（1876—1912）》，人民出版社2012年版。

⑩ 靳环宇：《晚清义赈组织研究》，湖南人民出版社2008年版。

⑪ 苗艳丽：《北洋政府时期云南民间社团灾荒救治研究》，社会科学文献出版社2020年版。

荒研究有冯贤亮《明清江南地区的环境变动与社会控制》[①]和《近世浙西的环境、水利与社会》[②]、汪汉忠《灾害、社会与现代化：以苏北民国时期为中心的考察》[③]、吴海涛《淮北的盛衰——成因的历史考察》[④]和《淮河流域环境变迁史》[⑤]、张崇旺《明清时期江淮地区的自然灾害与社会经济》[⑥]和《淮河流域水生态环境变迁与水事纠纷研究(1127—1949)》[⑦]、苏新留《民国时期河南水旱灾害与乡村社会》[⑧]、李庆华《鲁西地区的灾荒、变乱与地方应对(1855—1937)》[⑨]、马俊亚《被牺牲的"局部"：淮北社会生态变迁研究(1680—1949)》[⑩]、池子华等《近代河北灾荒研究》[⑪]、郝平《丁戊奇荒——光绪初年山西灾荒与救济研究》[⑫]。贾国静撰有《黄河铜瓦厢决口改道与晚清政局》[⑬]《水之政治：清代黄河治理的制度史考察》[⑭]，对于清代黄河的治理制度以及铜瓦厢决口带来的

---

① 冯贤亮：《明清江南地区的环境变动与社会控制》，上海人民出版社 2002 年版。
② 冯贤亮：《近世浙西的环境、水利与社会》，中国社会科学出版社 2010 年版。
③ 汪汉忠：《灾害、社会与现代化：以苏北民国时期为中心的考察》，社会科学文献出版社 2005 年版。
④ 吴海涛：《淮北的盛衰——成因的历史考察》，社会科学文献出版社 2005 年版。
⑤ 吴海涛主编：《淮河流域环境变迁史》，黄山书社 2017 年版。
⑥ 张崇旺：《明清时期江淮地区的自然灾害与社会经济》，福建人民出版社 2006 年版。
⑦ 张崇旺：《淮河流域水生态环境变迁与水事纠纷研究(1127—1949)》，天津古籍出版社 2015 年版。
⑧ 苏新留：《民国时期河南水旱灾害与乡村社会》，黄河水利出版社 2004 年版。
⑨ 李庆华：《鲁西地区的灾荒、变乱与地方应对(1855—1937)》，齐鲁书社 2008 年版。
⑩ 马俊亚：《被牺牲的"局部"：淮北社会生态变迁研究(1680—1949)》，北京大学出版社 2011 年版。
⑪ 池子华等：《近代河北灾荒研究》，合肥工业大学出版社 2011 年版。
⑫ 郝平：《丁戊奇荒——光绪初年山西灾荒与救济研究》，北京大学出版社 2012年版。
⑬ 贾国静：《黄河铜瓦厢决口改道与晚清政局》，社会科学文献出版社 2019 年版。
⑭ 贾国静：《水之政治：清代黄河治理的制度史考察》，中国社会科学出版社 2019 年版。

政治变化做了深入剖析。王尚义《历史流域学的理论与实践》开创了历史地理学新领域,对历史时期的河流水患、环境变迁多有讨论,其中不乏自然灾害影响政区变动的案例。[①] 以人物为主线讨论灾害治理的论著并不少见,蔡泰彬详细讨论了明代潘季驯治河[②],郭子琦讨论了清代靳辅治理黄淮运[③]。以省、市、自治区为研究范围的自然灾害史成果也有不少,如尹钧科等《北京历史自然灾害研究》[④],于德源《北京灾害史》[⑤],梁必骐主编《广东的自然灾害》[⑥],魏光兴、孙昭民主编《山东省自然灾害史》[⑦],杨鹏程等《湖南灾荒史》[⑧],王建华《山西灾害史》[⑨]等。有关灾害治理的文章更多,如汉代有张文华、胡谦《汉代救荒对策论略》[⑩],金代有武玉环《论金朝的防灾救灾思想》[⑪]等。学界在讨论救灾措施时比较重视措施的制定和实施,但对于实施的效果探讨不多。毛阳光在《唐代灾害救济实效再探讨》[⑫]中指出,在应对自然灾害方面,唐代时国家制定了较为完善的制度,中央和地方各级政府及官吏

---

① 王尚义:《历史流域学的理论与实践》,商务印书馆 2019 年版。

② 蔡泰彬:《晚明黄河水患与潘季驯之治河》,乐学书局 1998 年版。

③ 郭子琦:《清代靳辅治理黄淮运三河研究》,“古代历史文化研究辑刊”五编第 21 册,花木兰文化出版社 2011 年版。

④ 尹钧科、于德源、吴文涛:《北京历史自然灾害研究》,中国环境科学出版社 1997 年版。

⑤ 于德源:《北京灾害史》,同心出版社 2008 年版。

⑥ 梁必骐主编:《广东的自然灾害》,广东人民出版社 1993 年版。

⑦ 魏光兴、孙昭民主编:《山东省自然灾害史》,地震出版社 2000 年版。

⑧ 杨鹏程等:《湖南灾荒史》,湖南人民出版社 2008 年版。

⑨ 王建华:《山西灾害史》,三晋出版社 2014 年版。

⑩ 张文华、胡谦:《汉代救荒对策论略》,《延安大学学报(社会科学版)》2002 年第 3 期。

⑪ 武玉环:《论金朝的防灾救灾思想》,《史学集刊》2010 年第 3 期。

⑫ 毛阳光:《唐代灾害救济实效再探讨》,《中国经济史研究》2012 年第 1 期。

能够积极主动地投入到灾害救济中去，在大多数情况下，蠲免和赈贷等救灾措施都能够得到较好的贯彻，因而唐代灾害救济取得了较好的实效。

近些年一些灾荒史、环境史论文集，对自然灾害与社会应对的研究也相当深入。这其中有李文海、夏明方主编《天有凶年：清代灾荒与中国社会》[①]，赫治清主编《中国古代灾害史研究》[②]，王利华主编《中国历史上的环境与社会》[③]，曹树基主编《田祖有神——明清以来的自然灾害及其社会应对机制》[④]，郝平、高建国主编《多学科视野下的华北灾荒与社会变迁研究》[⑤]，杨伟兵主编《明清以来云贵高原的环境与社会》[⑥]，高建国、周琼主编《中国西南地区灾荒与社会变迁》[⑦]，高岚、黎德化主编《华南灾荒与社会变迁》[⑧]，高建国、赵晓华主编《灾害史研究的理论与方法》[⑨]，杨学新、郑清坡主编《海河流域灾害、环境与社会变迁》[⑩]。高凯《地理

---

① 李文海、夏明方主编：《天有凶年：清代灾荒与中国社会》，生活·读书·新知三联书店 2007 年版。

② 赫治清主编：《中国古代灾害史研究》，中国社会科学出版社 2007 年版。

③ 王利华主编：《中国历史上的环境与社会》，生活·读书·新知三联书店 2007 年版。

④ 曹树基主编：《田祖有神——明清以来的自然灾害及其社会应对机制》，上海交通大学出版社 2007 年版。

⑤ 郝平、高建国主编：《多学科视野下的华北灾荒与社会变迁研究》，北岳文艺出版社 2010 年版。

⑥ 杨伟兵主编：《明清以来云贵高原的环境与社会》，东方出版中心 2010 年版。

⑦ 高建国、周琼主编：《中国西南地区灾荒与社会变迁》，云南大学出版社 2010 年版。

⑧ 高岚、黎德化主编：《华南灾荒与社会变迁》，华南理工大学出版社 2011 年版。

⑨ 高建国、赵晓华主编：《灾害史研究的理论与方法》，中国政法大学出版社 2015 年版。

⑩ 杨学新、郑清坡主编：《海河流域灾害、环境与社会变迁》，河北大学出版社 2018 年版。

环境与中国古代社会变迁三论》[1]别出心裁，探讨了地理环境下的土壤微量元素与中国古代社会变迁的关系问题，特别是分析了土壤微量元素与中国古代黄淮海平原的文明进程，对我们有很多启迪。除此以外，何汉威还著有《光绪初年(1876—1879)华北的大旱灾》[2]，对丁戊奇荒有较为深入的认识。刘翠溶和英国学者伊懋可则编有《积渐所至：中国环境史论文集》[3]，这是1993年12月在香港梅窝召开的中国生态环境历史学术讨论会的结晶，汇集了当时国际上知名环境史专家的研究成果，至今仍是中国环境史研究的经典参考文献。

海外学者同样很关注中国环境变迁，他们对中国历史环境和救灾都有研究。法国学者魏丕信较早开展清代荒政的研究，著有《十八世纪中国的官僚制度与荒政》[4]，他在书中利用各类文集和档案、地方志细致刻画了清代中期的荒政，书在中国出版后引起国内学者的高度重视。日本学者佐藤武敏编有《中国灾害史年表》[5]，对中国历代的自然灾害有简要的整理。伊懋可著有《大象的退却——一部中国环境史》[6]，引起中国学者重视环境史的

① 高凯：《地理环境与中国古代社会变迁三论》，天津古籍出版社2006年版。

② 何汉威：《光绪初年(1876—1879)华北的大旱灾》，香港中文大学出版社1980年版。

③ 刘翠溶、(英)伊懋可：《积渐所至：中国环境史论文集》，台湾"中研院"经济所2000年版。

④ (法)魏丕信：《十八世纪中国的官僚制度与荒政》，徐建青译，江苏人民出版社2003年版。

⑤ 佐藤武敏编：『中国災害史年表』、国書刊行会、1993年。

⑥ Mark Elvin, *The Retreat of the Elephants: An Environmental History of China*, New Haven: Yale University Press, 2004. 中文版为《大象的退却——一部中国环境史》，梅雪芹、毛利霞、王玉山译，江苏人民出版社2014年版。

热潮[1]。

如今环境史研究在国内日显重要，多所大学如南开大学、中国人民大学、云南大学都建立了环境史研究中心，从事这方面研究的学者也日益增多。耶鲁大学毕业的美国学者兰达尔·艾伦·道金(Randle Allen Dodgen)在其博士论文基础上出版《收服水龙王：中华帝国晚期的儒家工程师和黄河治理》(*Controlling the Dragon*: *Confucian Engineers and the Yellow River in Late Imperial China*)，对明清时期的黄河治理进行了梳理，提出"儒家工程师"的概念，论述较为简略。[2] 美国学者艾志端的《铁泪图：19世纪中国对于饥馑的文化反应》[3]则从文化的角度解读了光绪初年山西大旱引发的大饥荒。美国学者戴维·艾伦·佩兹《工程国家：民国时期(1927—1937)的淮河治理及国家建设》重点探讨了民国时期淮河的治理，剖析淮河治理所引起的国民党内部的政治纷争以及中央与地方政府的矛盾[4]，他还以黄河为对象撰写了《黄河之水：蜿蜒中的现代中国》，考察了黄河从古至今的历史变迁及其对整个中国生态环境的影响，乃至其对于国际社会的意义。[5] 美国学者易明《一江黑水：中国未来的环境挑战》也以

---

① 包茂红：《解释中国历史的新思维：环境史——评述伊懋可教授的新著〈象之退隐：中国环境史〉》，《中国历史地理论丛》2004年第3期。

② Randall A. Dodgen, *Controlling the Dragon*: *Confucian Engineers and Yellow River in Late Imperial China*, University of Hawaii Press, 2001.

③ (美)艾志端：《铁泪图：19世纪中国对于饥馑的文化反应》，曹曦译，江苏人民出版社2011年版。

④ (美)戴维·艾伦·佩兹：《工程国家：民国时期(1927—1937)的淮河治理及国家建设》，姜智芹译，江苏人民出版社2011年版。

⑤ (美)戴维·艾伦·佩兹：《黄河之水：蜿蜒中的现代中国》，姜智芹译，中国政法大学出版社2017年版。

淮河为研究对象，以这一流域的当代生态环境变化为切入点，论述了中国为经济高速发展付出的环境代价，介绍了中国环境保护所采取的政策措施和取得的突出成就。[①] 德国学者阿梅龙撰写了《山东黄河：晚清洪灾治理》[②]，聚焦于山东黄河引发的环境问题，他还详细梳理了德国学者关于黄河研究的学术史[③]。这些研究都很知名，也都非常有意义，但都尚未注意到自然灾害与政区调整之间的紧密联系。美国学者穆盛博《洪水与饥荒：1938 至 1950 年河南黄泛区的战争与生态》(*The Ecology of War in China: Henan Province, the Yellow River, and Beyond, 1938 - 1950*)[④]探讨了 1938 年花园口黄河决堤带来的一系列影响。日本学者高桥孝助对中国近代华北等地的救荒也有大量描述，也未注意到政府通过调整政区来应对灾害的方式。[⑤] 近些年也有学者开始关注地方社会与水患问题。日本学者细见和弘曾论述山东的农村社会与治黄问题，但仍未关注到政治地理的变化。[⑥]

以上论著仅仅是国内外近些年研究中国自然灾害与社会应

---

① (美)易明：《一江黑水：中国未来的环境挑战》，姜智芹译，江苏人民出版社 2011 年版。

② Amelung Iwo, *Der Gelbe Fluß in Shandong (1851 - 1911): Überschwemmungskatastrophen und ihre Bewältigung im China der späten Qing*, Harrassowitz Verlag · Wiesbaden, 2000.

③ (德)阿梅龙：《山东黄河：晚清洪灾治理》，载(德)阿梅龙：《真实与建构：中国近代史及科技史新探》，孙青等译，社会科学文献出版社 2019 年版。

④ Micah S. Muscolino, *The Ecology of War in China: Henan Province, the Yellow River, and Beyond, 1938 - 1950*, Cambridge University Press, 2015. 中文版为《洪水与饥荒：1938 至 1950 年河南黄泛区的战争与生态》，亓民帅、林炫羽译，九州出版社 2021 年版。

⑤ 高橋孝助：『飢饉と救済の社会史』、青木書店、2006 年。

⑥ 細見和弘：「山東農村社会と黄河治水」、森時彦主編：『中国近代の都市と農村』、京都大学人文科学研究所、2001 年、63—86 頁。

对成果的代表，还有很多论著限于篇幅或主题，在此不再提及。

相对来说，当前学术界关于自然灾害因素对政区变化影响的研究就显得极为薄弱。政治地理研究一般由于主题限制，对政区调整因素的分析多注重宏观，缺乏细致分析。政治地理研究的理论方面，蒋君章在《政治地理学原理》中单辟一章“自然环境对政治的影响”，从气候、地形、海洋三大方面阐述对政治的影响[①]，但并没有就自然灾害如何影响政治做阐述。王恩涌等认为，行政区划的划分有六大原则：政治原则、经济原则、民族原则、历史原则、自然原则、军事原则[②]，但在自然原则中也没有分析自然灾害对政区调整的影响。

政区地理研究的理论方面，张文范主编的《中国行政区划研究》汇集了67篇论文，内容涉及古今中外，分别探讨了行政区划存在的问题和解决方式，有些文章也涉及自然灾害影响政区调整，但仅一笔带过，没有详论。[③] 近年来周振鹤主编有《中国行政区划通史》12卷，是当前中国历史政区地理研究的集大成之作。他在《总论》第六章中系统阐述了影响行政区划变迁的诸因素，从政治主导原则、自然环境的基础、经济发展的影响、文化因素的作用四个大方面予以论述，并归纳了行政区与自然区、文化区的关系。[④]

虽然多位学者在政治地理理论总结方面没有给予自然灾害

---

① 蒋君章：《政治地理学原理》，三民书局1983年再版。

② 王恩涌、王正毅、楼耀亮等：《政治地理学——时空中的政治格局》，高等教育出版社1998年版，第124—131页。

③ 张文范主编：《中国行政区划研究》，中国社会出版社1991年版。

④ 周振鹤主编，周振鹤、李晓杰著：《中国行政区划通史·总论、先秦卷》。

影响政区地理一席之地，但已经有学者在具体探讨这一问题了。

华林甫在《中国地名学源流》与《中国地名学史考论》两书中，略述了因灾害而产生的地名变化。[①] 关于政区的变动方式和过程，胡英泽从小区域的角度分析了河道变动与政区的变动过程，河滩地作为“流动的土地”，具有“三十年河东，三十年河西”的特征，而黄河起着行政区划界线的功能，河道变化引发滩田位置等变化，容易导致边界争端。[②] 史卫东等在分析统县政区的影响因素时，指出自然因素是其中之一。[③] 在中国历史上，自然灾害影响行政区划的变迁的例子还有很多，也引起了一些学者的关注。陈庆江在《明代云南政区治所研究》一书中，对明代云南省府、县治所的迁徙原因做了细致分析，指出一些迁徙是因水患、地震等自然灾害引起[④]，但全书没有就自然灾害因素与治所迁徙的相互关系进一步深入研究。许鹏在《清代政区治所迁徙的初步研究》一文中，对清代所有县级以上治所迁徙做了分析，认为迁徙原因之一是自然灾害的影响。[⑤] 李燕、黄春长等从宏观上探讨了环境变化和灾害对都城迁移的影响，认为都城在黄河中游反复迁移以至最后东迁南迁，环境变迁和灾害一直是重要的驱动因素之

---

① 华林甫：《中国地名学源流》，湖南人民出版社 2002 年版；《中国地名学史考论》，社会科学文献出版社 2002 年版。

② 胡英泽：《河道变动与界的表达——以清代至民国的山、陕滩案为中心》，载常建华主编：《中国社会历史评论》第 7 卷，天津古籍出版社 2006 年版；《流动的土地——明清以来黄河小北干流区域社会研究》，北京大学出版社 2012 年版。

③ 史卫东、贺曲夫、范今朝：《中国“统县政区”和“县辖政区”的历史发展与当代改革》，东南大学出版社 2010 年版。

④ 陈庆江：《明代云南政区治所研究》，民族出版社 2002 年版。

⑤ 许鹏：《清代政区治所迁徙的初步研究》，《中国历史地理论丛》2006 年第 2 期。

一。[①] 徐建平细致剖析了民国时期安徽的省界变迁情况，特别关注水患问题引发的安徽与江苏两省的界线变动。[②] 孙景超、耿楠在文章中详细考察了黄河对河南省地名的影响，其中就涉及黄河水患引发的政区调整。[③] 孟昭锋关注了宋代黄河水患对行政区划变迁的影响。[④] 陈隆文对汜水和睢县与黄河水患的关系做了深入探讨。[⑤] 孟祥晓则对漳卫河流域水患与城镇关系进行了研究，讨论了清代魏县城的变化。[⑥] 李绍先《三星堆古城的毁弃与地震洪水灾害》探讨的虽然是先秦时期的蜀国问题，但也说明了自然灾害对都城的严重影响。[⑦] 这些学者都从某些方面论述了自然灾害如何影响行政区划的变迁，因主题不同，故不全面，有些也不深刻，但都体现出自然灾害与中国行政区划之间有着密不可分的关系。王娟、卜风贤在论文中对古代灾后政区调整的方式做了归纳，指出有州郡县治所迁移，州郡县的撤并，州郡县的改名、新置及重置，州郡县的层次升降，侨置州郡县五种类型。[⑧] 卜风

① 李燕、黄春长、殷淑燕等：《古代黄河中游的环境变化和灾害——对都城迁移发展的影响》，《自然灾害学报》2007年第6期；李燕：《古代黄河中游环境变化和灾害对于都市迁移发展的影响研究》，陕西师范大学硕士学位论文，2007年。

② 徐建平：《政治地理视角下的省界变迁——以民国时期安徽省为例》，上海人民出版社2009年版。

③ 孙景超、耿楠：《黄河与河南地名》，《殷都学刊》2010年第3期。

④ 孟昭锋：《论宋代黄河水患与行政区划的变迁》，《兰台世界》2010年第33期。

⑤ 陈隆文：《水患与黄河流域古代城市的变迁研究——以河南汜水县城为研究对象》，《河南大学学报(社会科学版)》2009年第5期；《黄河水患与历代睢县城址的变迁》，《三门峡职业技术学院学报》2012年第3期。

⑥ 孟祥晓：《水患与漳卫河流域城镇的变迁——以清代魏县城为例》，《农业考古》2011年第1期。

⑦ 李绍先：《三星堆古城的毁弃与地震洪水灾害》，《四川工程职业技术学院学报》2012年第2期。

⑧ 王娟、卜风贤：《古代灾后政区调整基本模式探究》，《中国农学通报》2010年第6期。

贤还另文概述了水灾、地震及旱蝗灾害对政区调整的影响。[①] 笔者也曾撰文《自然灾害与中国古代的行政区划变迁说微》,分析了水患、地震和沙漠化对政区调整的影响。[②] 李德楠则对山东张秋镇的水环境与行政建置的变迁做了详尽论述。[③] 李德楠还与胡克诚合作,对山东南四湖地区的沉粮地问题予以论述[④],沉粮地相当于政区因水患造成自身幅员的减少。于云洪在考察明清时期黄河对下游城市的影响后指出,水患不仅破坏了城市发展的生态环境,还破坏了城市原有的道路交通网络,改变了城市发展的规模与格局。[⑤] 李嘎在《水患与山西荣河、河津二城的迁移——一项长时段视野下的过程研究》中,以揭示水患与城市辩证、多元的互动关系为依归,对黄河对荣河、河津二城的影响做了深入分析。[⑥] 刚出版的《旱域水潦:水患语境下山陕黄土高原城市环境史研究(1368—1979 年)》一书收入了这篇文章,并结合其他相关研究,将历史时期城市水患提升到城市环境史的层面予以深入梳理。[⑦] 李大旗指出,面对严重的城市水患,北宋不同于以往的是

---

① 卜风贤:《政区调整与灾害应对:历史灾害地理的初步尝试》,载郝平、高建国主编:《多学科视野下的华北灾荒与社会变迁研究》。

② 段伟:《自然灾害与中国古代的行政区划变迁说微》,载《历史地理》第 26 辑,上海人民出版社 2012 年版。

③ 李德楠:《水环境变化与张秋镇行政建置的关系》,载《历史地理》第 28 辑,上海人民出版社 2013 年版。

④ 李德楠、胡克诚:《从良田到泽薮:南四湖"沉粮地"的历史考察》,《中国历史地理论丛》2014 年第 4 期。

⑤ 于云洪:《明清时期黄河水患对下游城市的影响》,载《黄河文明与可持续发展》第 10 辑,河南大学出版社 2014 年版。

⑥ 李嘎:《水患与山西荣河、河津二城的迁移——一项长时段视野下的过程研究》,载《历史地理》第 32 辑,上海人民出版社 2015 年版。

⑦ 李嘎:《旱域水潦:水患语境下山陕黄土高原城市环境史研究(1368—1979 年)》,商务印书馆 2019 年版。

更多地采用“迁城避水”的方法来彻底解决问题。[①] 程森讨论了直豫晋鲁交界地区的互动，其中有水患对省际冲突的影响。[②] 胡其伟在《环境变迁与水利纠纷——以民国以来沂沭泗流域为例》一书中[③]，对环境变迁与水利纠纷问题非常典型的沂沭泗流域进行研究，涉及水患与政区调整问题，但主要探讨的是民国以来的纷争，现实感较强。一些城市史研究也关注到水患对城市空间形态的影响。吴庆洲在《中国古城防洪研究》中讨论了长江、黄河、淮河、珠江流域等地区水患对城市的影响，涉及一些政区调整。[④] 徐俊辉指出，汉水中游地区在明清时期光化、宜城、均州等城都有迁城避水的记录，并对光化县城迁城经过和城市形态变迁进行了细致研究。[⑤] 除以上正式发表的论著，研究生学位论文也开始涉及自然灾害与政区调整的相互关系，主要集中在河南地区。刘炳阳在硕士论文中指出清代前期河南省的政区变动更多与黄河水患相关[⑥]，郭林林在硕士论文中也探讨了自然灾害对河南地名变化的影响[⑦]。管震在硕士论文中讨论了清代云南省的政区治所迁徙情况。[⑧] 崔立钊则讨论了清代中期以来的黄河改道与冀鲁

---

① 李大旗：《北宋黄河河患与城市的迁移》，《史志学刊》2017 年第 1 期。

② 程森：《明清民国时期直豫晋鲁交界地区地域互动关系研究》，中国社会科学出版社 2017 年版。

③ 胡其伟：《环境变迁与水利纠纷——以民国以来沂沭泗流域为例》，上海交通大学出版社 2018 年版。

④ 吴庆洲：《中国古城防洪研究》，中国建筑工业出版社 2009 年版。

⑤ 徐俊辉：《明清时期汉水中游治所城市的空间形态研究》，中国建筑工业出版社 2018 年版，第 161、187—198 页。

⑥ 刘炳阳：《明清时期河南政区研究》，河南大学硕士学位论文，2008 年。

⑦ 郭林林：《人文化石——河南政区地名文化研究》，暨南大学硕士学位论文，2008 年。

⑧ 管震：《清代云南政区治所的迁徙》，云南大学硕士学位论文，2009 年。

豫三省交界地区的政区调整关系。[①] 谢湜[②]、李嘎[③]等关于河南、山东地区的水利社会史研究，虽然主题并不是水患与政区，但对本书的研究也有一定的借鉴作用。

国际上已经有学者关注本国的政区演变与自然灾害之间的关系。英国著名历史地理学家达比曾著有《沼泽地的疏浚》(*The Draining of the Fens*)[④]，对英国沼泽地的演变进行了分析。而英国地名协会组织撰写了一系列英国各地的地名调查和地名研究专著，其中涉及自然灾害引发的政区问题，这在由马威尔、斯登顿主编的《英国地名调查导论》(*Introduction to the Survey of English Placenames*)中也有体现。[⑤] 虽然中国与英国的政区设置不一样，但政治地理在防灾、减灾中的运用仍有共通之处，国外的研究成果对本课题的开展具有借鉴意义。

综合来看，国内外学界对中国政区调整中的自然灾害因素虽然开始重视，但还停留在概述层面，具体分析不同灾种和地域对于政区调整的影响的研究较少。虽然目前有关中国历史政治地理的研究成果并不少，但直接以历史政治地理为题名的论著并不多，检索中国知网，真正的学术研究成果仅有四篇期刊论文和一篇硕士论文。最早发表的是 1983 年《宋以前甘肃地方历史政治

---

① 崔立钊：《清中叶以来黄河改道与冀鲁豫三省交界地区的政区调整》，复旦大学硕士学位论文，2014 年。

② 谢湜：《“利及邻封”——明清豫北的灌溉水利开发和县际关系》，《清史研究》2007 年第 2 期。

③ 李嘎：《“罔恤邻封”：北方丰水区的水利纷争与地域社会——以清前中期山东小清河中游沿线为例》，《中国社会经济史研究》2011 年第 4 期。

④ H. C. Darby, *The Draining of the Fens*, Cambridge University Press, 1940.

⑤ A. Mawer and F. M. Stenton (ed.), *Introduction to the Survey of English Placenames*, Cambridge University Press, 1980.

地理概略》[1]，次之为谭其骧的《自汉至唐海南岛历史政治地理——附论梁隋间高凉冼夫人功业及隋唐高凉冯氏地方势力》[2]，这也是20世纪仅有的两篇。在21世纪初，颜丽金发表《试析历史政治地理对泉州广州的影响——兼论广州长兴与泉州昙花一现之因》。[3] 随着周振鹤对于中国历史政治地理研究的推动，在《中国历史政治地理十六讲》出版之后[4]，郭声波发表《历史政治地理常用概念标准化举要》[5]，赵明辉以《历史政治地理视野下的护法运动研究》为题的论文获得硕士学位[6]。这样的研究状态显然与我们丰富的历史政治地理变化极不相称。本书以"历史政治地理"为题眼，即希望以自身浅陋的学术抛砖引玉，为其发展尽一份绵薄之力。作为中国传统政治智慧，历史时期为应对自然灾害而发生的政治地理变迁，可以为当代政区的调整和防灾、减灾做出贡献，有着非常重要的现实价值。

三、本书研究框架

自然灾害与社会救治涉及的问题太多，相关成果也汗牛充

---

① 李光：《宋以前甘肃地方历史政治地理概略》，《社会科学》1983年第3期。

② 谭其骧：《自汉至唐海南岛历史政治地理——附论梁隋间高凉冼夫人功业及隋唐高凉冯氏地方势力》，《历史研究》1988年第5期。

③ 颜丽金：《试析历史政治地理对泉州广州的影响——兼论广州长兴与泉州昙花一现之因》，《广州广播电视大学学报》2003年第2期。

④ 周振鹤：《中国历史政治地理十六讲》，中华书局2013年版。

⑤ 郭声波：《历史政治地理常用概念标准化举要》，《中国历史地理论丛》2017年第1期。

⑥ 赵明辉：《历史政治地理视野下的护法运动研究》，云南大学硕士学位论文，2017年。

栋，本书在前人研究的基础上，另辟蹊径，着重探讨前人较为忽视的政府通过政区调整手段来应对自然灾害的原因、过程和影响。通过细致考察自然灾害对中国古代政区的划界、治所的迁移、政区的新建和裁撤以及地名的影响四个方面，来综合探讨自然灾害对中国古代行政区划调整的影响。限于古代资料的缺乏和个人能力的欠缺，本书不能够将所有古代自然灾害引发的政区调整全部纳入研究范围，只能尽量收集资料，通过典型案例的考察来重点讨论明清时期水患与政区调整之间的互动关系。中国古代县级以下政区因自然灾害而发生调整的事例非常多，但相关资料极为有限，不易统计分析，故本书在对县级及其以上政区调整进行分析的基础上，对县级以下政区的调整以案例形式做部分呈现。全书框架如下：

绪论 阐述学界对于自然灾害与政区变动相关关系的研究状况，指出其研究价值。

第一章 自然灾害对政区调整的影响刍议 指出自然灾害导致的政区调整主要有四种情况：一是政区之间重新划界，二是治所迁移，三是政区的新建或裁撤，四是地名更改。从历史的经验来看，水灾、地震及沙漠化对政区变化的影响巨大，主要是因为这三种灾害破坏力强，会对地表造成巨大的变化，从而推动政区的调整。旱灾、蝗灾破坏力有时候不亚于水灾、地震，但基本上是对经济上的破坏，不会造成地表结构变化，故对政区变化影响较小。

第二章 明清时期水患对苏北政区治所迁移的影响 指出明清苏北地区三府一州共二十四个州县中，有八个州县共迁治十七次，因为水患迁治的为十一次，因战乱等迁治的仅六次。其他十六个州县虽未迁治,但亦受水患影响,睢宁和安东两县有迁治动议,但未完成。这种政治地理格局的变化与明清时期苏北地区的河、运格局是分不开的。

第三章 黄河水患对明清时期鲁西地区州县治所迁移的影响 指出明清鲁西地区的水患对县治迁移有很大影响,六府两州共七十一个州县,十个州县因为水患迁移县治,六十一个州县在水患影响下未迁移县治,其中明代曹县和鱼台县有迁治建议,终未迁,咸丰五年黄河北徙对鲁西地区的政区治所迁移有一定影响。

第四章 挣脱不了的附郭命运——明清时期凤阳府临淮县的设置与裁并 指出明清时期淮河地区水患严重,经济凋敝,凤阳一县难以承担繁重的附郭义务,临淮县仍长期作为附郭县之一,承担相应义务,苦不堪言,直到万历三十二年才得以豁免。清初又令临淮县分担附郭的义务却没有了附郭名义。由于经常受到淮水的冲击,也不需要像明代一样保护帝乡,临淮县在清代已经没有设置的必要,最终在乾隆十九年被裁入凤阳县,改设临淮乡,又重新成为附郭县的一部分。

第五章 水患对集镇迁移的影响——以清代清河县王家营为例 指出清代的苏北地区黄河、淮河、运河交会,水患频仍,集镇因水患迁移者不少。以往学界认为明清江南市镇是自发生长的,但政府主导集镇迁移则说明政府对集镇也有很强的控制力。

第六章 清代政府对沉田赋税的管理——以江苏、安徽、山东地区为中心 指出清代水患会导致田地减少,也会影响到政区的管辖面积,由于水患而造成的沉田颇多,存在的时间长短不一,对于能够涸复的沉田,政府在勘明情况后,或是减少赋税,或是免除赋税。

第七章　明清时期水患影响下的县域变化　讨论了苏北、鲁西地区江坍江涨、河湖决溢和海岸线变迁三种类型影响下的县域变化。

第一章

自然灾害对政区调整的影响概论

在中国历史上，自然灾害影响行政区划变迁的例子有很多，引起了一些学者的关注。陈庆江在《明代云南政区治所研究》一书中，对明代云南府、县治所的迁徙原因做了细致分析，指出一些迁徙是由水患、地震等自然灾害引起的。[①] 胡英泽在论文《河道变动与界的表达——以清代至民国的山、陕滩案为中心》中，从社会史的角度分析了河道变动与行政区划的变动过程。[②] 许鹏在《清代政区治所迁徙的初步研究》一文中，对清代所有省会、府、厅、州、县的治所迁徙做了分析，认为清代政区治所迁徙的原因之一是自然灾害的影响，包括洪涝灾害、河道迁徙、地震、台风等。[③] 在文中，许氏列举了两直隶州、一厅、一州、十五县因自然灾害而徙治。李燕、黄春长等论述了古代黄河中游的环境变化和灾害对都城迁移发展的影响。[④] 史卫东等在《中国"统县政区"和"县辖

---

① 陈庆江：《明代云南政区治所研究》。

② 胡英泽：《河道变动与界的表达——以清代至民国的山、陕滩案为中心》，载常建华主编：《中国社会历史评论》第7卷，第199—220页。

③ 许鹏：《清代政区治所迁徙的初步研究》，《中国历史地理论丛》2006年第2期。

④ 李燕、黄春长、殷淑燕等：《古代黄河中游的环境变化和灾害——对都城迁移发展的影响》，《自然灾害学报》2007年第6期。

政区”的历史发展与当代改革》一书中分析统县政区的影响因素时,指出自然因素是其中之一。[①] 徐建平在《政治地理视角下的省界变迁——以民国时期安徽省为例》中,详细阐述了民国时期自然灾害与安徽省界变化的若干关系。[②] 这些学者都从某些方面论述了自然灾害如何影响行政区划的变迁,因主题不同,故不全面,有些也不深刻,但都体现出自然灾害与中国行政区划之间有着密不可分的关系,值得进一步探讨。王娟、卜风贤在论文中对古代灾后政区调整的方式做了归纳,指出有州郡县治所迁移,州郡县的撤并,州郡县的改名、新置及重置,州郡县的层次升降,侨置州郡县等五种类型。[③] 卜风贤在另文中还概述了水灾、地震及旱蝗灾害对政区调整的影响。[④] 这是学界目前少有的对灾害影响政区所做的理论分析。

本章拟就中国古代自然灾害对地名、政区的划界、治所的迁移以及政区的新建和裁撤四个方面的影响来综合探讨自然灾害对中国古代行政区划的影响。

第一节　自然灾害与政区重划

重大自然灾害发生后,政府可能通过政区调整来应对灾害。

---

① 史卫东、贺曲夫、范今朝:《中国“统县政区”和“县辖政区”的历史发展与当代改革》。
② 徐建平:《政治地理视角下的省界变迁——以民国时期安徽省为例》。
③ 王娟、卜风贤:《古代灾后政区调整基本模式探究》,《中国农学通报》2010 年第6 期。
④ 卜风贤:《政区调整与灾害应对:历史灾害地理的初步尝试》,载郝平、高建国主编:《多学科视野下的华北灾荒与社会变迁研究》,第 66—75 页。

这其中，自然灾害引发行政区划的重划数量最多，其类型大致可分为三类：一是两个政权所辖区域的变化，二是政区之间的调整，三是政区自身的扩大或减少。下面将分三部分阐述。

一、自然灾害造成两个政权所辖区域的变化

自然灾害造成两个政权所辖区域的变化在历史上也可分为两种类型，一种是中国国内的两个政权，另一种是中国与外国政权。这两种类型在历史上发生的次数都很少。

自然灾害引发我国国内政权之间的区域调整事例主要发生在宋金时期。金天会三年（1125）十一月三十日金兵起兵侵宋时的檄书——《元帅府左副元帅右监军右都监下所部事迹檄书》中提出对宋的领土要求“止以黄河为界”[①]。北宋靖康元年（1126）正月，金兵占有河北地后，迫宋和议，在正月初四《次事目札子》中再次强调：“仍以黄河为界。”[②]以后占有河南地，建立刘豫伪齐政权。南宋建炎二年（1128）冬，为了阻止南下的金兵，东京留守使杜充人为决河，使黄河自泗入淮。[③] 决口地点大约在滑县以上的李固渡（今滑县西南沙店集南三里许）以西，新道东流经李固渡，又经滑县南，濮阳、东明之间，再经鄄城、巨野、嘉祥、金乡一带汇入泗水，由泗入淮。从此，大河离开了《山经》《禹贡》以来流经今浚县和滑县南旧滑城之间的故道，不再东北流向渤海，改为以东

---

① 佚名编：《大金吊伐录校补》，金少英校补，中华书局 2001 年版，第 103 页。
② 佚名编：《大金吊伐录校补》，第 110 页。
③ 《宋史》卷二十五《高宗本纪二》，中华书局 1977 年版，第 459 页。

南流入泗、淮为常。这是黄河历史上第四次重大改道。[①] 南宋绍兴九年(1139)宋金和议,金人以为"新河且非我决(按:指建炎二年杜充决河),彼人自决之以与我也……今当以新河为界"[②],故以杜充决河后的新道为界。南宋政府因此丧失大量国土。即使金人得利,仍不满足,背盟兴兵,终与南宋以淮河为界。[③]

中国与外国的领土变迁受自然灾害影响的案例在清末民初曾发生在中俄之间。吕一燃对中俄边界的霍尔果斯河引发的界务问题进行了详细研究[④],简述如下。

霍尔果斯河是伊犁河的支流,发源于别珍岛山,南流入伊犁河,现为中国和哈萨克斯坦两国的界河。霍尔果斯河一带原是厄鲁特蒙古准噶尔部的牧地,18 世纪 50 年代,清廷统一新疆,被并入清帝国的版图,霍尔果斯河成为我国的内河。随着 19 世纪沙俄对我国的侵略加剧,西北边疆失地日益增多。1871 年,沙俄乘阿古柏侵占新疆之际,强占了伊犁地区。左宗棠收复新疆后,清政府向沙俄索还伊犁。沙俄要求清政府赔款、割地,作为归还伊犁的交换条件。清廷派钦差大臣曾纪泽与俄国外交大臣格尔斯于 1881 年在俄国的圣彼得堡签订了中俄《改订条约》(也称《圣彼得堡条约》《伊犁条约》)。这一条约将霍尔果斯河以西的中国领土划归俄国,规定:"伊犁西边地方应归俄国管属,以便因入俄籍

---

① 中国科学院《中国自然地理》编辑委员会:《中国自然地理·历史自然地理》,科学出版社 1982 年版,第 52 页。

② [宋]徐梦莘:《三朝北盟会编》卷一百九十七,上海古籍出版社 1987 年版,第 1421 页。

③《宋史》卷二十九《高宗本纪六》,第 551 页。

④ 吕一燃:《中俄霍尔果斯河界务研究——从〈伊犁条约〉到〈沿霍尔果斯河划界议定书〉》,《近代史研究》1990 年第 5 期。

而弃田地之民在彼安置。中国伊犁地方与俄国地方交界，自别珍岛山，顺霍尔果斯河，至该河入伊犁河汇流处，再过伊犁河，往南至乌宗岛山廓里扎特村东边。自此往南，顺同治三年塔城界约所定旧界。”①次年，清勘界大臣长顺和俄勘界大臣佛里德对《改订条约》规定的中俄边界线进行实地勘察，签订了《伊犁界约》。条约明确规定：“至伊犁河南沿，建立第二十五处界牌鄂博止，共立界牌鄂博九处；以界牌鄂博之东边为中国地，西边为俄国地。从此过伊犁河，自北沿往霍尔果斯河，逆流往北行，入霍尔果斯河之山口，至河源，又往北行，至别珍套山，又往西湾，至康喀达巴罕，建立第二十六处界牌鄂博；此间以河及河源为交界，以霍尔果斯河之东边为中国地，西边为俄国地。”②条约对中俄两国如何利用河水也有详细规定：“霍尔果斯河源流出之水，在霍尔果斯河之东西两沿居住民人等，原将河水灌地者，准其灌地，即作两国公水，彼此不准争竞，以资各民得其地利。至霍尔果斯河中有洲之处，即作两国公地，两国民人不准在洲盖房种地，将此载入条约永为例。”③这样，原先为清帝国内河的霍尔果斯河就变成了中俄两国的界河。

霍尔果斯河河道并不稳定。光绪三十年(1904)，霍尔果斯河源山水暴发，在河东岸冲出一条支流，使霍尔果斯民田变成了一个斜长 60 里～70 里，宽 6 里～7 里至 18 里～19 里不等的河洲。这次水患引发了日后中俄两国的边界变化。很显然，这河洲大部

---

① 《(中俄)改订条约》，载王铁崖编：《中外旧约章汇编》第一册，生活·读书·新知三联书店 1957 年版，第 382 页。

② 《(中俄)伊犁界约》，载王铁崖编：《中外旧约章汇编》第一册，第 409 页。

③ 《(中俄)伊犁界约》，载王铁崖编：《中外旧约章汇编》第一册，第 409 页。

分并非《伊犁界约》中规定的中俄两国公地，但俄国不顾事实，硬说此河洲是向来就有的，想要侵占这个河洲，多方滋生事端。1913 年 11 月 11 日，俄国驻华使臣库朋斯齐照会北洋政府外交部，提出中俄派员会勘霍尔果斯河边界，并确定引用河水的办法的要求。[①] 1915 年 6 月 1 日，中俄勘界委员在霍尔果斯河西岸俄国尼克来夫斯齐村谈判，双方分歧很大。其中之一是中国委员依据从前旧河道，以西滩之河为中俄国界。而俄国则指改道东流之水为公共河道，指中国霍尔果斯河东岸被水冲决之地为河滩，意欲加以侵占。双方辩驳数日无果。后俄领事柏罗典向伊犁镇守使杨飞霞提出三点解决办法：第一，霍尔果斯河下游泉水两国均分；第二，彼此所争之河洲从中划分，刊立界碑，日后无论河流改道与否，两国均以界碑为凭，不得再有争议；第三，上游河水，因俄国户民较多，须占 7/10，中国占 3/10。6 月 12 日，中俄两国代表齐集惠远城商议，签订《沿霍尔果斯河划界议定书》（也称《库里议定书》）。议定书对边界线商定：开始沿霍尔果斯河的流向实地设立临时界标，即从该河河道上游出山分为几条支流的地方起，到有争议的岛（将该岛由北向南按等面积划分成两半，东部划归中国，西部划归俄国），到构成霍尔果斯河河道的两条泉水小河（均名为喀拉苏克河）的汇流处，边界沿该河道行至伊犁河。[②] 6 月 15、16 两日，中俄两国勘界委员勘分了红山嘴以下至两水交流之处的边界线。6 月 21 日，两国委员在俄员测绘的界图上签字。22—23 日，两国委员复于边界线上补设小牌博十余处，并沿界加

---

① 《霍尔果斯河界务案》，《外交部交涉节要》，民国二年（1913 年）11 月份，石印本。
② （苏）普罗霍罗夫：《关于苏中边界问题》，商务印书馆 1977 年版，第 177 页。

钉木桩,以杜日后争执。民初的霍尔果斯河界务纷争暂告一段落。正如吕一燃指出,《伊犁界约》所指的中俄公地是一个长约15千米,宽2.5、3千米不等的河洲,《沿霍尔果斯河划界议定书》所说的有争议之岛,则主要是由霍尔果斯河东岸中国所属领土被山洪冲决和河流改道而形成的一个斜长30千米~35千米,宽3千米、3.5千米至9千米~9.5千米不等的小岛,中俄《沿霍尔果斯河划界议定书》使俄国获得了因河流改道而变成河洲的中国土地。①

二、自然灾害影响政区之间的调整

自然灾害造成政区盈缩的事例在历史上很多。有些自然灾害会影响县级政区之间的调整。

清代浙江杭州府海宁州有钱塘江在此入海,形成壮观的钱江潮。钱塘江原由南大亹入海,南界萧山,乾隆二十四年(1759)后,改由北大亹入海。浙江巡抚蒋攸铦上奏认为:"缘杭州府属海宁州城之西南、中隔海面,南沙坐落海之南岸,与绍兴府属萧山县城之东北陆路相通……自乾隆二十四年海道由中小澶北徙以后,河庄山迤南已成平陆,所有向归海宁州管辖之赭山等处俱已画徙于江之南岸,与萧山县境地毗连……应请将原隶海宁州属南沙全境改隶萧山县,所有南沙地界内之民田山缕地亩及公私沙地并新淤

① 吕一燃:《中俄霍尔果斯河界务研究——从〈伊犁条约〉到〈沿霍尔果斯河划界议定书〉》,《近代史研究》1990年第5期。

试垦沙地统归萧山县管辖。”[①]南沙地方因江道北徙，最终于嘉庆十六年(1811)改隶萧山县[②]，以便管理。

自然灾害也会带来高层政区界线的变化，这也主要表现在以河流为界的政区。中国古代行政区划分界线有“山川形便”和“犬牙交错”两个原则[③]，一些大的河流特别是黄河成为很多政区的天然界线。但河流作为政区界线不似大山一样稳定，由于地球引力与水患等因素，河道的流向容易改变。黄河在下游的变迁非常剧烈，这是人所共知的，其在上中游的河道也不稳定，河道的摆动变化也经常发生，一些学者就认为黄河在历史上有大的改道26次。[④]《黄河水利史述要》即指出，在宁夏的银川平原，历史时期黄河曾经发生过西徙东侵的变化，摆动范围为10千米至15千米；内蒙古河套平原，黄河变迁更大，巴彦高勒以下至今仍有废河道多条；龙门以下的中游河道也经常东西摆动，汾河汇入黄河的河口，曾多次在旧荣河县至河津县之间变化，两河之间的丘陵汾阴脽，因受黄河摆动的影响，现已荡然无存。[⑤] 这样的河道变迁

---

① 浙江巡抚蒋攸铦：《奏为勘明海宁州属南沙地方今昔情形不同应行改隶萧山县管辖事》，嘉庆十六年九月十六日，中国第一历史档案馆录副奏折，档号：03-1467-007，缩微号：100-0938。

② 《仁宗睿皇帝实录》卷二百四十九，嘉庆十六年十月己酉条，《清实录》第31册，中华书局1986年版，第361页。《嘉庆重修一统志》第18册，卷二百九十四《绍兴府一·关隘》南沙条，中华书局1986年版，第14537页。民国《萧山县志稿》(《中国地方志集成·浙江府县志辑》第11册，上海书店1993年版)有嘉庆十七年、嘉庆十八年二说，此处从《清实录》。

③ 周振鹤：《犬牙相入还是山川形便？历史上行政区域划界的两大原则》(上、下)，《中国方域》1996年第5、6期。

④ 水利电力部黄河水利委员会：《人民黄河》，水利电力出版社1959年版，第34页。

⑤ 《黄河水利史述要》编写组：《黄河水利史述要》，黄河水利出版社2003年版，第20页。

极易引发边界争端或政区调整。黄河在明清时期长时间作为山、陕两省的边界线，但因河道会发生周期性的东西移徙，出现大量的河滩地，引发两省民众的冲突，导致有时会调整省界。清代山西蒲州府的荣河县与陕西同州府的韩城县以黄河为界，乾隆初年，两县出现滩地之争。当时黄河主流在东，支流在西，支流曾是过去的主流。荣河知县利用计策将滩地收回归荣河乡民耕种，主要理由是滩地原本属于荣河乡民的纳粮地，无论大河东移西徙，均应归属荣河县。乾隆三十三年(1768)，荣、韩两县因滩地之争发生命案，后经蒲州、同州知府会勘，仍定大河为界，避免过河种地引发纷争。然而，这种划分并不能杜绝争议，嘉庆初年，双方再起争端，达成新的划界原则，“平分其田”。从现存道光十五年(1835)照抄嘉庆年间的滩界图来看，黄河主流偏东，河西出现大片滩地，自北而南划有一条界线，分别山、陕。[①] 无论依据“以河为界”还是“平分其田”的原则划分边界，实际上都是减少了山西的辖域，增加了陕西的面积。

黄河对明清时期河南省的行政区划变动影响也很大。河阴县本地跨黄河两岸，“明太祖于元至正二十七年遣徐达等北定中原，以河阴县隶河南布政使司开封府郑州，编户十有一里，嗣因邑地屡被河冲，遂割北三里以附武陟、荥泽，而邑止存八里耳”[②]。原武、延津两县都位于黄河以北，原属开封府管辖。雍正二年(1724)，借河南全省府州政区大调整之际，以就近原则原武改隶

① 参见胡英泽：《流动的土地：明清以来黄河小北干流区域社会研究》，第317—318页。

② 康熙《河阴县志》卷一《沿革》，康熙三十年刻本，第7页。

怀庆府，延津改隶卫辉府[①]，开封府与怀庆府基本以黄河为界。考城县原治在黄河南岸，属黄河南岸的归德府管辖，因“黄河漫溢，城没于水”[②]，乾隆四十八年(1783)迁治于黄河北岸。因此次迁治地近卫辉府，故改隶卫辉府，归德府不再管辖黄河北岸地方。但令人没有想到的是，咸丰五年(1855)，黄河因决口改道北流，使得考城县在地理上回到黄河以南，而卫辉府其余各县仍在河北。原本为了便利的行政区划，反而形成了新的地理阻隔。为此，又不得不于光绪元年(1875)，将考城县重新改隶归德府。[③] 阳武、封邱[④]两县位于黄河以北，原属开封府，乾隆四十八年以“河道间阻不便管辖”[⑤]为由，阳武县改属怀庆府，封邱县改属卫辉府。[⑥]只是后来的黄河改道没有改变阳武、封丘两县的地理位置，行政区划归属关系也未再有变化。

---

① 《世宗宪皇帝实录》卷二十三，雍正二年八月癸巳条，《清实录》第7册，中华书局1985年版，第373页。

② 《嘉庆重修一统志》第12册，卷一百九十九《卫辉府一·城池》考城县城条，第9793页。此处乾隆四十八年指移治时间并非是河患毁城时间。民国《考城县志》卷二《沿革志》，“中国方志丛书”华北地方第456号，成文出版社1976年版，第49页。

③ 朱寿朋：《光绪朝东华录》，光绪元年三月丙寅条，中华书局1958年版，总54页。

④ 雍正三年，为避孔子讳，全国众多地名中“丘”改为“邱”，后文不再一一指出。

⑤ 民国《封邱县续志》卷二《地理志·沿革》，开封新豫印刷所1937年版，第1页。

⑥ 《钦定大清会典事例(嘉庆朝)》卷一百二十八，乾隆“四十九年，开封府属之封邱县、归德府之考城县改隶卫辉府，阳武县改隶怀庆府”，《近代中国史料丛刊》三编第65辑，文海出版社有限公司1991年版，第5771页。《高宗纯皇帝实录》卷一千二百，乾隆四十九年三月己丑条：“兵部议准，河南巡抚何裕城奏称阳武、封邱、考城三汛，向系开封、归德二营管辖，今各该县已改隶卫辉、怀庆二府，其汛弁亦应改拨移驻。”(《清实录》第24册，中华书局1986年版，第44—45页)《嘉庆重修一统志》第12册，卷一百九十九《卫辉府一·建置沿革》：“乾隆四十八年，以旧属归德府之考城县、开封府之封邱县来隶。”(第9783页)按：《清实录》在乾隆四十九年三月已经载其改属，故其改属更可能实在乾隆四十八年。今从《嘉庆重修一统志》。

三、自然灾害导致政区自身幅员的伸缩

此类事例在历史上也不少见。这些政区分布在沿江、沿湖、沿海地带，在自然灾害的影响下，辖区土地会陷入水中而减少或因涨沙而增加。当然，以目前的区划标准来看，陆地和水域面积都是区划的范围，如果不与他国发生划界，则区划本身不会盈缩。在古代，由于生产方式主要是农耕，非常重视土地的控制，区划主要是针对陆地面积，故在此将陆地面积因自然灾害而发生变化纳入考察范围。其实，也有一些自然灾害会使耕地变为荒地，虽没有沉入水底，但却无法利用，因这类情形太多，一般不将其视为区划变迁，本章暂不讨论这种情况。

在遭受大的水患或地震时，政区会因部分区域陷入水中而缩小。明清之际，凤阳府泗州的土地，因明永乐年间在洪泽湖东岸筑高家堰，以捍御淮水东侵，自后洪泽湖逐渐向北和西方扩展，明崇祯四年（1631）洪水冲泗州城，清顺治六年（1649）归仁堤溃决，淮水、黄河交加泛滥，两次被溺，永沉水底田地实际超出一千二百余顷。[①] 经知州袁象乾、巡抚张朝珍题请，这些永沉水底田地赋税得到蠲免。这是自然灾害导致政区自身变小的事例。

李德楠、胡克诚指出，山东南四湖（即南阳、昭阳、独山、微山四湖）直到清代才连成一片，湖面扩展，大量农田淹没，造成了济

---

① ［清］袁象乾：《申请蠲豁沉田粮公移》，［清］方瑞兰等修、江殿飏等纂：《泗虹合志》卷十七《艺文志文二》，《中国地方志集成·安徽府县志辑》第 30 册，江苏古籍出版社 1998 年版，第 618 页。

宁、鱼台境内大片的“沉粮地”[1]。《山东南运湖河疏浚事宜筹办处第一届报告》指出：“济宁、鱼台境内沉粮地亩，旧系民田，因地势低洼，被水侵占，不能得土地之收益，于是地主请求国家免其赋税。迄今百余年，水患愈演愈剧，此数千顷民田，愈无恢复之希望，人民抛弃所有权，已成习惯，即此一端，国家与人民两方损失，殆有不可胜言者矣！”[2]与“沉粮地”常并列出现的还有“缓征地”，与“沉粮地”一样均为水淹地，尚有纳赋之名义，但不实行。故两者实际“同在停征之列”，以致与后人“遂将沉缓两种地亩混成一类”。[3] 据统计，济宁、鱼台两县共有沉粮地 340 364 亩，缓征地 333 600 多亩，合计 673 966 亩。[4] “沉粮地”与“缓征地”的出现实际上减少了政区的有效管理面积，导致政区缩小。

自然灾害也可以使政区范围扩大。明、清时由于黄河长期倒灌入洪泽湖，兼之淮水下泄不畅，泥沙淤积使湖底抬高，湖面也随之抬高，就在高家堰上开口门将湖水排入江淮之间。洪泽湖的东北部，即清口西南河水倒灌入湖时泥沙首先停滞的湖面，先淤出平地，湖线内缩，北面三洼因地势较高又渐涸露。[5] 清末黄河北

---

① 李德楠、胡克诚：《从良田到泽薮：南四湖“沉粮地”的历史考察》，《中国历史地理论丛》2014 年第 4 期。

② 《饬济宁鱼台县知事刊刷拟定简章张贴告沉地方文》，山东南运湖河疏浚事宜筹办处编辑：《山东南运湖河疏浚事宜筹办处第一届报告・水利归复及受益田亩之调查》，山东南运湖河疏浚事宜筹办处 1915 年版，第 11 页。

③ 山东南运湖河疏浚事宜筹办处编辑：《山东南运湖河疏浚事宜筹办处第一届报告・水利归复及受益田亩之调查》，第 6 页。

④ 李德楠、胡克诚：《从良田到泽薮：南四湖“沉粮地”的历史考察》，《中国历史地理论丛》2014 年第 4 期。

⑤ [清]黎世序等纂修：《续行水金鉴》卷六《河水》引《朱批谕旨》，商务印书馆 1937 年版，第 155—156 页。

徙，洪泽湖北部湖面淤成陆地，“洪泽湖底渐成平陆”[①]，这又使清河县陆地面积增加[②]。

而位于沿海的政区或受海水侵蚀，缩小政区，或因涨沙淤积土地，增加政区，事例繁多。元世祖至元二十九年（1292）始置上海县[③]，经过几百年的发展以及退海成陆，上海政区不断扩展，现在已经成为拥有两千多万人口的直辖市，世界闻名。

第二节　自然灾害与行政治所的迁移

自然灾害影响行政治所迁移有两种情况，一种是治所在辖区内迁移，另一种是在其他政区内新建治所。

一、治所因自然灾害在辖区内迁移

治所在统县政区内迁移可能会出现从一个县级及以上政区迁移到另一个县级及以上政区的情况。唐代即有此例。唐代前期，陇右道秦州一直治上邽县，至贞观十七年（643）始，领上邽、成纪、伏羌、陇城、清水五县。但开元二十二年（734）“二月壬寅，秦州地震，廨宇及居人庐舍崩坏殆尽，压死官吏以下四十余人，殷殷

① 《清史稿》卷一百二十六《河渠志一·黄河》，中华书局1977年版，第3720页。

② 光绪《清河县志》卷二《形势》，《中国地方志集成·江苏府县志辑》第55册，江苏古籍出版社1991年版，第854页。

③ 谭其骧：《上海得名和建镇的年代问题》，载《长水集》（下），人民出版社2009年版，第202页；祝鹏：《上海市沿革地理》，学林出版社1989年版，第151页。

有声,仍连震不止"[1]。这次大地震将秦州治所彻底破坏,于是在当年不得不"以地震徙治成纪之敬亲川"[2],将治所迁移到州境内的成纪县敬亲川,秦州的首县遂由上邽变为成纪。

治所在县级政区内迁移就比较普通,事例也较多。

汉代即发生因地震迁移县治的案例。灵帝光和"三年自秋至明年春,酒泉表氏地八十余动,涌水出,城中官寺民舍皆顿。县易处,更筑城郭"[3]。酒泉郡表氏县自光和三年(180)秋至第二年春季,发生地震八十余次,水涌出,城中官署百姓房屋都倒塌,地表破坏非常严重,导致县治更换地址,重新修筑城郭。

元至清代的海门县治所迁移与长江江岸坍塌关系非常密切。海门县治原在大安镇(今吕四以南),元至正中(约 1350),因海潮侵袭,县城崩塌,县治迁往礼安乡。此时江岸已进抵蒿枝港到三和镇一线。在江岸向北坍塌的同时,坍岸段也向西扩展。余东以西坍塌尤为剧烈。明正德七年(1512),县治再次遭受飓涛,遂于九年第二次搬迁,西移三十里至余中场。嘉靖十七年(1538),风潮再次袭击,县境户口只剩十四里,二十四年向通州割借户口六里,田地一百四十二顷,县治又第三次迁至金沙场南,瞿灶、进鲜两港之间,约当今袁灶港、海坝桥以西之地。明末清初,坍塌之势继续。清康熙十一年(1672),县治又遭风潮破坏,四迁至永安镇,因民户所剩无几,不能成县,降县为乡。[4] 康熙末年,永安镇又坍

---

① 《旧唐书》卷八《玄宗本纪上》,中华书局 1975 年版,第 200 页。
② 《新唐书》卷四十《地理志四》,中华书局 1975 年版,第 1040 页。
③ 《后汉书》志十六《五行四》,中华书局 1965 年版,第 3332 页。
④ 《清会典事例》第二册,中华书局 1991 年版,第 932 页。

没，海门乡治又迁至兴仁镇。[①]

明初东安县治所原在常道城东耿就桥行市南，经浑河（即今永定河）冲决，洪武三年（1370）十一月主簿华德芳移治于常伯乡张李店[②]，遂为明清东安的新县治。

明代陕西兴安州治曾多次迁移，其中也有水患因素。《陕西通志》载："知州署旧在十字街西。明洪武四年知州马大本改建于十字街东报恩寺故址。成化十四年知州郑福重修。万历十一年大水坍塌，移建于新城，四十五年知州许尔忠重修，后毁于寇。本朝顺治四年复移旧城，知州杨宗震建厅事于旧址。"[③]成化十四年（1478）重修的州署，在万历十一年（1583）年被水坍塌，不得不移建新城。

河南省位于黄河中游，受黄河冲击影响非常大，历史上其境很多县城受河患影响被迫迁治，列举如下。

清丰县 唐大历七年（772）析顿丘、昌乐二县地置，以孝子张清丰而名县。李大旗据《大明一统志》指出，宋仁宗庆历四年（1044）因受黄河河道冲击，徙清丰县于东南十八里处，治德清军，即县置军使。[④] 李文理解有误。《大明一统志》载："唐大历中析顿丘及昌乐县置清丰县，属澶州，以孝子张清丰故名。五代晋以顿丘为德清军，宋庆历中徙德清军治清丰，熙宁中省顿丘入焉。

① 参见陈金渊：《南通地区成陆过程的探索》，载《历史地理》第3辑，上海人民出版社1983年版。

② [清]于敏中等编纂：《日下旧闻考》卷一百二十六，北京古籍出版社1983年版，第2030页。

③ [清]刘于义修：《陕西通志》卷十五《公署》兴安州，《景印文渊阁四库全书》第551册，台湾商务印书馆1986年版，第784页。

④ 李大旗：《北宋黄河河患与城市的迁移》，《史志学刊》2017年第1期。

金罢军以县属开州。""清丰故城在今县西北一十八里,宋时因水故迁治于今县。"[①]并未指明庆历四年是因河患迁治。《宋史》载:"庆历四年,徙清丰县治德清军,即县置军使,隶州。"[②]也仅指出庆历四年将清丰县移治德清军,并未指出受河患影响。李文应该是结合《宋史》与《大明一统志》而下的结论。《读史方舆纪要》则载:"县西南十五里又有故城,志以为宋嘉祐中因避水患迁于此,后复移今治。"并指出:"县南五里有故城,或以为宋庆历中县徙治处也。"[③]可见清丰县移治德清军后,到嘉祐年间才因河患迁移,后来又回到原治。

孟县 汉置河阳县,唐置河阳军,又升孟州。"金大定中,为河水所害,北去故城十五里,筑今城,徙治焉。故城谓之下孟州,新城谓之上孟州。元初治下孟州。宪宗八年,复立上孟州,河阳、济源、王屋、温四县隶焉。"[④]金世宗大定年间,河冲河阳城,孟州治被向东北高区迁移,新治称上孟州。

长垣县 秦置县,在今长垣市东北三十五里,隋置匡城县,治司家坡,金泰和四年(1204)因黄河改道,迁柳家村。明洪武二年(1369),因黄河水灾迁古蒲城(今县城)。[⑤]

洧川县 "南有故城,洪武二年以河患迁今治"[⑥]。《河南通志》载:"洧川县城旧在县南十里,即唐废州基址也。明洪武初年

---

① 《大明一统志》卷四《大名府》,三秦出版社 1990 年版,第 82、86 页。

② 《宋史》卷八十六《地理志二·河北路》,中华书局 1977 年版,第 2122 页。

③ [清]顾祖禹:《读史方舆纪要》卷十六《北直七》清丰故城条,中华书局 2005 年版,第 710 页。

④ 《元史》卷五十八《地理志一》,中华书局 1976 年版,第 1362 页。

⑤ 《明史》卷四十《地理志一》,中华书局 1974 年版,第 899 页。嘉靖《长垣县志》卷一《地理》,《天一阁藏明代方志选刊》第 75 册,上海古籍书店 1981 年版,第 2 页。

⑥ 《明史》卷四十二《地理志三》,第 978 页。

知县俞廷芳以水患迁筑于此。”[①]

河阴县　唐开元二十二年，析汜水、武陟、荥泽地而置河阴县，以县置于黄河之南而得名。《河阴县志》载：“元顺帝至正三年，河阴与中牟等七县皆大水，十八年河决，徙县广武山之大峪口。明初河复决，徙县鸿沟西南黄家庄即今治也。”[②]《明史》载：“旧治在大峪口，洪武三年为水所圮，徙于此。”[③]即由广武山北大峪口徙治今荥阳市广武镇。

荥泽县　《明史》载：“北有故城。洪武八年因河患徙于南。成化十五年正月又徙北，滨大河。”[④]成化十五年（1479）“被河塌没，知县曹铭改迁旧治”[⑤]。到清康熙三十六年（1697），由于黄河南侵，逼近城垣，严重威胁到县城的安全。次年迁移县治于荥阳郡旧址。[⑥]

临漳县　光绪《临漳县志》纪事沿革表载：“（洪武十八年）漳

① 康熙《河南通志》卷八《城池》，康熙九年刻本，第 2 页。
② 康熙《河阴县志》卷一《沿革》，康熙三十年刻本，第 7 页。
③《明史》卷四十二《地理志三》，第 981 页。
④《明史》卷四十二《地理志三》，第 981 页。
⑤ 乾隆《荥泽县志》卷三《建置志》，乾隆十三年刻本，第 2 页。
⑥《圣祖仁皇帝实录》卷一百八十七，康熙三十七年正月辛未条：“河南巡抚李国亮疏言，荥泽县城北临黄河，丹、沁二水会归黄流，逼城甚险。旧荥阳郡基址高阜，请将县城移建此地，以免冲决。从之。”（《清实录》第 5 册，中华书局 1985 年版，第 994 页）乾隆《荥泽县志》卷三《建置志》：“荥泽北有故城，一迁于洪武八年，再迁于成化十有五年，三迁于康熙三十七年，卒归于古郡旧治。”（乾隆十三年刻本，第 1 页）卷八《河防志》又载：“康熙三十五年移荥泽县于荥阳郡旧址，以避水患。”（第 18 页）。雍正《河南通志》卷十五《河防四》载：“康熙三十五年，移荥泽县于荥阳郡旧址以避水患。”卷九《城池》：“（康熙）三十八年移迁荥泽县旧城，知县周元恺建造。”（《景印文渊阁四库全书》第 535 册，台湾商务印书馆 1986 年版，第 395、276 页）今从《清实录》。

水坏城，移治于县东北十八里，即今治所，原名理王村。”[①]康熙《河南通志》则简略指出洪武二十七年(1394)知县杨辛徙县重建[②]，没指出原因。据明人王绍记载：“旧址在漳河之南，频年啮于漳水，圮毁湫濊不一其迁。洪武十八年始移理王店域，即今治也。简辟草创，规模卑隘。”[③]光绪《临漳县志》城池篇载：“临漳旧城在旧县村。洪武十八年漳水冲没，知县杨辛于洪武二十七年奏请移县治于理王村，创筑土城。”[④]可能是直到洪武二十七年才真正迁治于理王村。但正德《临漳县志》载：“永乐十八年以来，漳水浸圮，民不堪居，有司以是奏闻，移于东北十八里理王村，即今治也。”[⑤]则是直到永乐十八年(1420)以后才移治理王村。

仪封县 “故城在县北，洪武二十二年二月圮于河，徙日楼村，即今治也。”[⑥]《明实录》载：“迁仪封县治于白楼村，时县治为黄河所没，故迁之。”[⑦]《仪封县志》载：“明洪武初圮于水，乃迁于西南一十五里通安乡之白楼村，即今治也。明洪武二十三年知县于敬祖创建土城，形如幞头，因名幞头城。”[⑧]应是洪武二十三年(1390)移治白楼村。

---

① 光绪《临漳县志》卷一《疆域·纪事沿革表》，光绪三十一年刻本，第10页。

② 康熙九年《河南通志》卷八《城池》，康熙九年刻本，第6页。

③ [明]王绍：《重修临漳县志记》，光绪《临漳县志》卷十二《艺文志·记上》，光绪三十一年刻本，第5页。

④ 光绪《临漳县志》卷二《建置志·城池》，光绪三十一年刻本，第1页。

⑤ 正德《临漳县志》卷一《建置沿革》，《天一阁藏明代方志选刊续编》第3册，上海书店出版社1990年版，第524、525页。

⑥《明史》卷四十二《地理志三》，第979页。

⑦《明太祖实录》卷一百九十五，洪武二十二年二月癸亥条，台湾“中研院”历史语言研究所1962年校印本，第2933页。

⑧ 乾隆《仪封县志》卷三《建置志》城池条，河南建华印刷所，1935年，第1页。

归德州城　也就是之后的商丘县城。元代睢阳县，明初省入归德州，属开封府。嘉靖二十四年（1545）六月归德州升为归德府，设附郭商丘县。顺治《归德府志》："弘治十五年圮于水，乃迁今城，在旧城北，地相接焉。正德六年知州杨泰修。"[①]康熙《商丘县志》载："弘治十五年圮于水，正德六年重筑，乃徙而北之，今南门即旧北门故址也。"[②]《明史》载："旧治在南，弘治十五年圮于河，十六年九月迁于今治。"[③]而乾隆《归德府志》也与《明史》一致。[④]

虞城县　城旧在今治南三里。元、明、清时期黄河曾长期流经县境，河患频繁，"土城卑隘，当黄河之滨，每河涨，城几如沼出没于潮汐澎湃之间，岁苦颓圮"[⑤]，有史料指出明世宗嘉靖九年（1530），因黄河水患移今治。[⑥] 隆庆六年（1572）虞城知县韩原性则指出："旧邑堂在旧城，建自元至元十六年，嘉靖十年迁城，移今治。四十年来地屡水，形胜湫隘，材木腐敝极矣。"[⑦]嘉靖二十三年（1544）教谕左序在《学宫碑记》中也指出："嘉靖九年庚寅，故学宫阨于河决，越次年壬辰，与城俱迁。"[⑧]崇祯时期大学士宋权也认为是"嘉靖十年徙

① 顺治《归德府志》卷二《地理》，顺治十七年刻本，第3页。

② 康熙《商丘县志》卷一《城池》，康熙四十四年刻本，第7页。

③ 《明史》卷四十二《地理志三》，第984页。

④ 乾隆《归德府志》卷一《方舆表》，乾隆十九年刻本，第5页。

⑤ [明]宋权：《虞城县范侍御修城记》，乾隆《虞城县志》卷八《艺文》，乾隆八年刻本，第82页。

⑥ 康熙《河南通志》卷八《城池》，康熙九年刻本，第6页；孙景超、耿楠：《黄河与河南地名》，《殷都学刊》2010年第3期。

⑦ [明]韩原性：《虞城县重建县堂记》，乾隆《虞城县志》卷八《艺文》，乾隆八年刻本，第60页。

⑧ [明]左序：《学宫碑记》，乾隆《虞城县志》卷八《艺文》，乾隆八年刻本，第57页。

虞于兹”[①]，应该是嘉靖九年(1530)河患，十年才迁治。

孟津县 有学者认为明嘉靖十七年县城因圮于水，又向西移二十五里，迁至今孟津老城。[②] 但另据记载：“嘉靖十一年六月大水，溢，孟津县城圮，乃议迁于旧城西二十里圣贤庄，经始于甲午春二月，讫工于夏五月。”[③]嘉靖甲午年即十三年。《明实录》载：“(嘉靖十四年七月)丙寅，迁河南孟津县治于圣贤庄，避河患也。”[④]《明史》也载：“旧治在县东，今治本圣贤庄，嘉靖十四年七月迁于此。”[⑤]可能嘉靖十三年营建新城，十四年七月迁治。明人王邦瑞则指出：“嘉靖乙未之春，予驻孟津，舍北署，河水啮厅事殆尽，波声震撼几席间，令人食不下咽。回视向所居民，栉比鳞次者皆荡荡然水中。是时议迁十余年未就。……越七载再渡孟津，税驾新邑，城廓闾井奠厥攸居。县令邢君……又述改邑始末，乞志之石粤。……至于壬辰夏六月夜，水大溢，怀襄县郛，民始震恐，咸黜乃心而图迁之议决矣。时县令曾君钊陈利害，上之巡抚都御史简公，巡按御史蔡公，又谋及藩臬，谋及守长，谋及父老，谋及卜筮，咸从。乃具疏以闻，遂蒙俞命，于是郡守黄公度地，得旧城西二十里名圣贤庄者，去河远而土壤良，乃用牲焉。时分守少参任公，既而张公为之经营规制，劳来群黎，太守张公实综理之，乃委

---

① [明]宋权：《虞城县范侍御修城记》，乾隆《虞城县志》卷八《艺文》，乾隆八年刻本，第82页。

② 康熙九年《河南通志》卷八《城池》，康熙九年刻本，第9页；孙景超、耿楠：《黄河与河南地名》，《殷都学刊》2010年第3期。

③ 雍正《河南通志》卷十四《河防三》，《景印文渊阁四库全书》第535册，台湾商务印书馆1986年版，第380页。

④ 《明世宗实录》卷一百七十七，嘉靖十四年七月丙寅条，台湾“中研院”历史语言研究所1962年校印本，第3812页。

⑤ 《明史》卷四十二《地理志三》，第982页。

别驾韩君溉往督其役。于是坛壝、城郭、县治、学校、公署、民居，一切民社之务，秩秩具举。使以佚道而民罔告劳，酌衢巷之地，授民取值以充用，而民不知费。经始于丙申春二月，讫工于夏五月。”[①]嘉靖壬辰年为十一年，乙未年为十四年，丙申年为十五年。张乐锋据此文指出，孟津县旧城毁于嘉靖十一年，十四年准备迁圣贤庄另立新城，十五年工就遂迁至新城。[②] 史念海指出：“孟津城一再迁徙，大部分与黄河所造成的灾害有关。元代的迁徙就是由于瀦水浸城，明时的迁移更是由于黄河水溢、县城圮毁的缘故。”[③]

柘城县　明嘉靖二十一年(1542)大水，县城遂废，“三十三年知县姜寿改筑城于南关”[④]。柘城县境虽然不是黄河的干流，但受黄河南泛的影响，县城仍会遭受水患冲击，清康熙二十八年北城关就为水圮。[⑤]

考城县　由于“黄河漫溢，城没于水”[⑥]，乾隆四十八年迁治，考城县原属归德府，因此次迁治地近卫辉府，故改隶卫辉府。《清

---

① [明]王邦瑞：《河南孟津县迁城记》，《王襄毅公集》卷十三，《原国立北平图书馆甲库善本丛书》第754册，国家图书馆出版社2013年版，第527、528页。

② 张乐锋：《明代孟津县城迁移时间考》，载《历史地理》第31辑，上海人民出版社2015年版。

③ 史念海：《历史时期黄河在中游的侧蚀》，载《河山集(二集)》，生活·读书·新知三联书店1981年版，第141页。

④ 康熙《河南通志》卷八《城池》，康熙九年刻本，第6页。

⑤ 康熙《河南通志》卷八《城池》，康熙九年刻本，第6页。

⑥ 《嘉庆重修一统志》第12册，卷一百九十九《卫辉府一·城池》考城县城条：“乾隆四十八年，黄河漫溢，城没于水，改建北岸，其地近卫辉府，因改隶焉。”(第9793页)此处乾隆四十八年指移治时间，并非河患毁城时间。民国《考城县志》卷二《沿革志》：“考城县原隶归德府属，自乾隆四十八年间，因兰阳李六口坝工合龙，将该县域池移建黄河北岸，改隶卫辉府管辖。”(“中国方志丛书”华北地方第456号，成文出版社1976年版，第49页)

实录》特别记载，县治迁至黄河北岸“张村集偏东高阜宽阔处”[①]，即“堌阳”[②]。

二、治所因自然灾害迁移到其他辖区

此种情况与自然灾害导致政区划界有相似之处，都会导致政区界限的变化，但一般政区划界不一定影响到治所的变化，而治所迁移有可能影响政区边缘大的调整。治所向外迁移有两种情况，一种是寄治，即治所寄居在其他政区，另一种是治所外移，扩大了政区，前文北川县城迁移即属于此例。

清代政区治所寄治的例子并不少见。清代前期泗州为凤阳府属州，领盱眙、天长二县，泗州城和盱眙县隔淮相对。洪泽湖因东面有高家堰，西南有老子山等丘陵的限制，所以湖面主要向西、北两个方向扩展。康熙十九年（1680）淮水决堤，洪泽湖泛滥，向西扩展，至此盱眙对岸成了一片汪洋，泗州城沦没。[③] 泗州无衙署办公，遂寄治于盱眙县。雍正二年升泗州为直隶州，析盱眙、天长、五河三县往属之，州治仍寄治盱眙。州治寄居或借民房，或驻试院，终非正常，有督抚以“州治寄寓盱境，远隔河湖，声息难通，或议于双沟建城，或议于包家集设治，迨无成局”[④]。到乾隆二十

---

① 《高宗纯皇帝实录》卷一千一百六十二，乾隆四十七年八月辛未条，《清实录》第 23 册，中华书局 1986 年版，第 566 页。

② 《高宗纯皇帝实录》卷一千三百四十四，乾隆五十四年十二月丙寅条，《清实录》第 25 册，中华书局 1986 年版，第 1231 页。

③ 《嘉庆重修一统志》第 7 册，卷一百三十四《泗州直隶州・山川》淮水条，第 5910 页。

④ 乾隆《泗州志》卷二，《中国地方志集成・安徽府县志辑》第 30 册，上海古籍出版社 1998 年版，第 178 页。

四年，在盱山之麓建署，暂时拥有了正式的衙署。乾隆四十二年(1777)，徙泗州直隶州治于虹县城，裁虹县入泗州直隶州[①]，结束了泗州的寄治。

类似于北川县城治所外移的事例在清代也有发生。清初清河县治甘罗城，在康熙年间屡圮于水。乾隆二十五年(1760)，“吏部议准，江苏巡抚陈宏谋奏称：淮安府属之清河县逼近黄河，向无城垣，仗土堤为保障。前康熙年间曾有决口之事。今年黄河水大，一线土堤，宽仅数尺，县治终属堪虞，请移驻对岸之清江浦”[②]。但清江浦属山阳县辖，于是到乾隆二十六年(1761)“割山阳近浦十余乡并入清河，是为新县治”[③]。清河县治移驻清江浦后，不仅往东扩大了辖区，还带来一些行政变化。到乾隆二十八年(1763)，“县署以胡琏官房修建。清河县旧署以中河通判移驻，通判旧署变价抵修县署。山阳外河县丞、里河主簿向驻清江，清江闸官向属山阳，应并归清河管辖。外河主簿向驻清河旧治，应移驻王家营，以便护饷过境。教谕移驻清江。贡监生童家在清江者，改入清河县籍。解犯仍禁旧监，责令中河主簿就近监守，以免黄河阻滞等语。应如所请。惟清河已改冲、繁、疲、难要缺，应增养廉一百五十两，山阳地狭事简，应减养廉一百五十两。从之”[④]。清河县新政局至此完成。

---

① 《高宗纯皇帝实录》卷一千零二十八，乾隆四十二年三月庚午条，《清实录》第21册，中华书局1986年版，第781页。

② 《高宗纯皇帝实录》卷六百二十一，乾隆二十五年九月戊午条，《清实录》第16册，中华书局1986年版，第980页。

③ 光绪《清河县志》卷二《沿革》，《中国地方志集成·江苏府县志辑》第55册，第853页。

④ 《高宗纯皇帝实录》卷六百八十八，乾隆二十八年六月戊戌条，《清实录》第17册，中华书局1986年版，第710—711页。

第三节　自然灾害与政区的新建或裁撤

自然灾害对行政区划的影响除上文介绍的类型外，还会导致受灾地新建政区或裁撤受灾地的政区。

一、自然灾害引发的政区新建

长期的水患造成的滩地，逐渐成陆，吸引大量民众去垦荒，最容易引发政区新建。

清代后期长江水患曾导致南洲直隶厅的设置。咸丰四年(1854)，湖北石首藕池口溃，长江水溢入洞庭湖，泥沙在华容县境逐渐淤积成洲。到光绪年间，“奏设直隶厅，以华容九都市为厅治，而析岳州府之华容、巴陵二县、澧州之安乡县、常德府之武陵、龙阳、沅江三县地以益之。东西广一百十里，南北袤九十里”[①]。南洲直隶厅设置时间当在光绪二十年(1894)[②]。

二、自然灾害引发的政区裁撤

因自然灾害裁撤政区在历史上曾出现多例。主要表现在水

---

① 《皇朝地理志》(存204卷)卷一百二十一(故殿016801)南洲直隶厅条，台北故宫博物院藏。

② 《德宗景皇帝实录》卷三百三十五，光绪二十年二月条，《清实录》第56册，中华书局1987年版，第304页。

灾、地震和沙漠化三种灾害上。

（一）水灾引发的政区裁撤

金代的砀山县在今安徽砀山县，“北近大河，南近汴堤，东西二百里”①，极易遭受水患。砀山县本隶单州，兴定元年（1217）改隶归德府，五年改隶永州。②《元史》记载，“砀山，金为水荡没。元宪宗七年，始复置县治，隶东平路。至元二年，以户口稀少，并入单父县。三年复置，属济州”③。同治《徐州府志》引《金史·地理志》《金史·温迪罕达传》，认为砀山县在兴定二年为水荡没，五年县复立属永州④，恐误，两者皆未有此言。砀山县在元代复置，则应在兴定五年（1221）之后裁撤，不应在兴定二年（1218）裁撤。光绪二十一年（1895）的《江苏全省舆图》即载：“金兴定元年改隶归德府，五年属永州，水圮县废。元宪宗七年复置。”⑤与砀山县相近的虞城县在金代也因水患被裁，蒙古宪宗二年（1257）复置，因户口稀少，元世祖至元二年（1265）与砀山县皆并入单父县，至元三年（1266）复立县。⑥ 从砀山县、虞城县的裁撤与复置来看，当地的水患对其行政区划影响极大。起初是砀山县、虞城县被水，遭受毁灭性的打击，被裁撤。到蒙古宪宗时陆续复置，但因受水患影响，人口稀少，又被并入临近的单父县，次年再次复置。

---

① 《金史》卷一百零二《蒙古纲传》，中华书局 1975 年版，第 2259 页。

② 王颋：《完颜金行政地理》，香港天马出版有限公司 2005 年版，第 248 页。

③ 《元史》卷五十八《地理志一》济宁路条，第 1367 页。

④ 同治《徐州府志》卷四《沿革表》，《中国地方志集成·江苏府县志辑》第 61 册，江苏古籍出版社 1991 年版，第 46 页。

⑤ [清]诸可宝辑：《江苏全省舆图》砀山县，“中国方志丛书”华中地方第 144 号，成文出版社 1974 年版，第 219 页。

⑥ 《元史》卷五十八《地理志一》济宁路条，第 1367 页。

（二）地震引发的政区裁撤

除水患导致政区的裁撤外，地震也是影响政区裁撤的一大重要因素。一个显著的例子是清代乾隆年间甘肃新渠、宝丰二县因地震并入平罗县。

清雍正二年，甘肃置宁夏府，改宁夏左卫为宁夏县，宁夏右卫为宁朔县，中卫为中卫县，平罗所为平罗县，灵州所为灵州。[①] 宁夏卫所经过改置府县后，地方官员显然对这一地区的发展仍不满足，在此地区大力发展农业。四年，川陕总督岳钟琪等奏称："臣遵旨同通智将隆科多、石文焯所奏插汉拖辉开渠建闸之事按图验看，自插汉拖辉至石嘴子筑堤开渠，有地万顷，可以招民耕种。请于插汉拖辉适中之地建城一座，设知县一员，典史一员，再将李纲堡把总一员、兵五十名移防县城，石嘴子地方请拨平罗营守备一员、把总一员、兵二百名驻扎，中卫边口请拨宁夏镇标守备一员、把总一员、兵一百名分汛防守。自河西寨至石嘴子筑堤二百余里，开渠一道，建拦水闸八座，请于七月间动工，即行招民开垦，以资灌溉。其新设县名恭候钦定，铸给印信。均应如所请。"于是在插汉拖辉（意为河湾牧地）地方置新渠县。[②] 六年，因插汉拖辉地

---

① 《世宗宪皇帝实录》卷二十五，雍正二年十月丁酉条，《清实录》第 7 册，第 396—397 页。

② 《世宗宪皇帝实录》卷四十四，雍正四年五月乙未条，《清实录》第 7 册，第 645 页。乾隆《甘肃通志》卷三《宁夏府》："雍正四年建县曰新渠。"（乾隆元年刻本，第 72 页）《清史稿》《清国史》误为五年。乾隆《宁夏府志》卷二《地理一 · 沿革》："明初置平罗千户所，属宁夏卫。国朝亦为平罗所。雍正三年，改为平罗县。四年，又取查汉托护地置县，曰新渠、宝丰，皆属宁夏府。乾隆四年并废，并入平罗。"（宁夏人民出版社 1992 年版，第 78 页）

方辽阔,又增置宝丰县。[①]

新渠、宝丰二县吸引了大批民众垦殖,逐步获得了发展。但好景不长,一场突如其来的地震毁灭了二县的建制。乾隆三年十一月二十四日(1739 年 1 月 3 日),宁夏发生了历史上罕见的破坏性地震。平罗、新渠、宝丰等处土皆坟起,“平地裂缝,涌出黑水更甚,或深三五尺、七八尺不等,民人被压而死者已多,其被溺被冻而死者亦复不少”[②]。新渠、宝丰二县破坏最为严重。《滇南忆旧录》记载:“宁夏府于(乾隆)戊午年十一月廿四日地震。河水上泛,灌注新渠、宝丰二县,地中涌泉直立丈余者不计其数,四散奔溢,深七八尺暨丈余不等。土地低陷数尺,城堡房屋倾塌无存,压死人口甚众。又称新渠县城南门陷下数尺,北门城洞仅如半月。县署堂脊与平地等,仓廒亦陷入地中,粮石俱存冰河之内,令人刨挖一孔,爬出之米,熟如汤泡,味如酸酒。四面各堡具成土堆,惠农、昌润两渠俱已坍填,渠底高于渠面,水湃自新渠北二三十里以外,越宝丰而至石嘴子,东连黄河,西达贺兰山麓,周回一二百里,竟成冰海。宝丰城郭仓廒亦大半入地中。”[③]

由于新渠、宝丰属于新建县,地表环境破坏严重,河渠坍塌,民众死亡很多,故次年清政府决定裁汰二县。《清高宗实录》记载:“吏部等部议覆钦差兵部右侍郎班第疏称,宁夏地震,所属新

① 《世宗宪皇帝实录》卷七十五,雍正六年十一月壬戌条,《清实录》第 7 册,第 1116—1117 页。乾隆《甘肃通志》卷三下《宁夏府》:“雍正四年建县曰宝丰。”《清史稿》《清国史》为雍正七年。今从《清实录》。

② 查郎阿等:《奏报亲赴宁夏查勘地震灾情并办理赈恤情形事》,乾隆三年十二月二十日,中国第一档案馆录副奏折,档号:03-9304-035,缩微号:668-0362。

③ [清]张泓:《滇南忆旧录》地震条,《丛书集成初编》第 2969 册,商务印书馆 1936 年版,第 11—12 页。

渠、宝丰率成冰海,不能建城筑堡,仍复旧规,请将二县裁汰。所有户口从前原系招集宁夏宁朔等乡民人,令其仍回原籍,有愿留佣工者,以工代赈,俟春融冻解,勘明可耕之地,设法安插,通渠溉种,其渠道归宁夏水利同知管理。应如所请,从之。"①新渠、宝丰二县于乾隆四年(1739)并入平罗县。②

(三) 沙漠化引发的政区裁撤

沙漠化也能影响政区的裁撤。十六国时期大夏国都统万城位于今陕西省榆林市靖边县境内,当时自然环境比现在要好,虽然周边也有流沙分布,但局部地区可以"临广泽而带清流"③。随着时间推移,沙漠化日益严重,至唐长庆二年(822)十月,"夏州大风,飞沙为堆,高及城堞"④。至北宋前期,宋太宗以"夏州深在沙漠,本奸雄窃据之地"⑤,于淳化五年(994)诏令废毁统万城,"居民并迁于绥、银等州,分官地给之,长吏倍加存抚"⑥。宋人放弃统万城,固然有军事和政治方面的考虑,但生态环境的恶化也是一个不能忽视的原因。⑦

---

① 《高宗纯皇帝实录》卷八十八,乾隆四年三月壬子条,《清实录》第 10 册,中华书局 1985 年版,第 365 页。

② 乾隆《宁夏府志》卷二《地理一・沿革》,宁夏人民出版社 1992 年版,第 77 页。

③ 《元和郡县志》卷四夏州朔方县,中华书局 1983 年版,第 100 页。

④ 《新唐书》卷三十五《五行志二》,第 901 页。

⑤ [宋]彭百川:《太平治迹统类》卷二"太祖太宗经制西夏"条,《景印文渊阁四库全书》第 408 册,台湾商务印书馆 1986 年版,第 65 页。

⑥ 《宋会要辑稿》第 15 册,方域八"统万城"条,上海古籍出版社 2014 年版,第 9444 页。

⑦ 邓辉、夏正楷、王琫瑜:《从统万城的兴废看人类活动对生态环境脆弱地区的影响》,《中国历史地理论丛》2001 年第 2 期。

第四节　自然灾害与地名更改

在中国古代，朝廷对自然灾害很恐惧，认为是上天对政府施政不当的警示。为了减少乃至祛除灾害的影响，政府除了实行减灾措施外，还采纳一些禳灾措施。在自然灾害爆发后，受灾地改名就是禳灾措施的一种。

一、水患引发的地名更改

水患也能促使政府更改地名。今浙江省海宁市在元代原名盐官州，泰定四年(1327)，海圮盐官，天历二年(1329)，改海宁州。原因在于“海宁东南皆滨巨海，自唐、宋常有水患，大德、延祐间亦尝被其害。泰定四年春，其害尤甚，命都水少监张仲仁往治之，沿海三十余里下石囤四十四万三千三百有奇，木柜四百七十余，工役万人。文宗即位，水势始平，乃罢役，故改曰海宁云”[①]。虽然海塘的修建在一定程度上减小了海水的侵扰，终是不能根除，自改名以后，海宁仍然会不时遭受水灾。盐官改名海宁，寄托了政府对消除水患的美好愿望，虽然不能真正让大海安宁，但这个地名一直保留到现在。

在历史上，因水患而产生的地名较多体现在黄河对地名的影响。黄河是中华民族的母亲河，对我国的历史、地理、文化与社会

① 《元史》卷六十二《地理志五》海宁州条，第1492页。

等各方面都有巨大的影响。邹逸麟认为:“要了解中华民族的历史,就必须首先了解黄河流域的历史,而要了解黄河流域的历史,自然也就离不开黄河的历史。”[①]河南作为黄河流域的重要省份,在诸多方面都深受黄河的影响,地名正是这种影响的浓缩反映。孙景超、耿楠曾对河南省地名与黄河之间的关系做了详细梳理[②],今举两例说明。

河清县 黄河之名,得于其水之浑浊,早在西汉时代就有“一石水、六斗泥”之说。陕县多年(1919—1960)平均输沙量为16亿吨,最大年输沙量为39.1亿吨[③],其浑浊可想而知。黄河浑浊,几乎是人们的常识。古人曰,“俟河之清,人寿几何”,“丹丘千年一烧,黄河千年一清”,“黄河清,圣人生”,似乎黄河永无澄清的可能。然而值得关注的是,历史上确实有数十次关于“河清”的记载。在一些特殊时期,尤其是上中游地区长期干旱之时,支流来沙减少,黄河也会出现较为清澈的时候。这在古代社会被视为祥瑞,甚至对政治活动也会有影响。唐太宗贞观年间,曾在今济源境内置河清县,“以县界黄河清,因以为名”。后废。唐玄宗先天元年(712),为避讳改大基县为河清县。[④] 北宋年间迁治今孟津县城东北十五里,至今当地仍名河清村。北齐武成帝高湛曾以河清为年号,历时三年(562—565),关于其原因,《北齐书·武成帝纪》载:“乙巳,青州刺史上言,今月庚寅河、济清。以河、济清,改

① 邹逸麟:《千古黄河》前言,中华书局(香港)有限公司1990年版,第2页。

② 孙景超、耿楠:《黄河与河南地名》,《殷都学刊》2010年第3期。

③ 黄河水利委员会水利科学研究院编:《黄河志》卷5《黄河科学研究志》,河南人民出版社2017年版,第142页。

④ [宋]乐史:《太平寰宇记》卷五《河南道五》河清县条,中华书局2007年版,第79页。

大宁二年为河清，降罪人各有差。”[①]直到今天，河清海晏一词还被用来形容天下太平。

河平军　宋金时期，黄河流经今卫辉地区，多次泛滥造成灾害。故金代曾在此置有河平军，其命名之意自然是希望河患平息。《金史》记载：“卫州，下，河平军节度。……明昌三年升为河平军节度，治汲县，以滑州为支郡。大定二十六年八月以避河患，徙于共城。二十八年复旧治。”[②]可惜“河平”未能如意，河平军治所还曾因河患而迁移。

二、地震引发的地名更改

正史记载中因自然灾害而改变地名的事例以元代甚为突出。

元代曾因地震多次改地名。元成宗时期，平阳、太原曾多次发生地震。大德七年(1303)“八月辛卯夕，地震，太原、平阳尤甚，坏官民庐舍十万计。平阳赵城县范宣义郇堡徙十余里。太原徐沟、祁县及汾州平遥、介休、西河、孝义等县地震成渠，泉涌黑沙”[③]。大德八年(1304)“正月，平阳地震不止，时宫观摧圮者千四百区，道士死伤者千余人，军民不可胜计”[④]。大德九年(1305)二月丙午，“平阳、太原地震，站户被灾”。由于平阳、太原频年地震，当年“五月癸亥，以地震，改平阳路为晋宁，太原路为冀宁”[⑤]。

① 《北齐书》卷七《武成帝纪》，中华书局1972年版，第90页。

② 《金史》卷二十五《地理志》，中华书局1975年版，第607—608页。

③ 《元史》卷五十《五行志一》，中华书局1976年版，第1083页。

④ 《续文献通考》卷二百二十《物异考》，《景印文渊阁四库全书》第631册，台湾商务印书馆1986年版，第235页。

⑤ 《元史》卷五十《五行志一》，第1083页。

政府希望通过改变它们的地名来消除地震，寄予了很高期望。很显然，地震并没有因此而减少。就是在元代，冀宁路、晋宁路仍然多次发生地震，如仁宗延祐三年（1316）九月“己未，冀宁、晋宁路地震”[①]。有关冀宁路地震的记载更有多次，如成宗大德十一年（1307）八月冀宁路地震[②]，武宗至大三年（1310）十二月戊申冀宁路地震[③]。仁宗延祐四年（1317）正月壬戌，冀宁路地震[④]；七月辛卯，冀宁路地震[⑤]。其他因地震而改变政区名称的还有元顺帝至元四年（1337），宣德府以地震改顺宁府，奉圣州以地震改保安州。[⑥] 而到至正十二年（1352）三月：“陇西地震百余日，城郭颓夷，陵谷迁变，定西、会州、静宁、庄浪尤甚，会州公宇中墙崩，获弩五百余张，长者丈余，短者九尺，人莫能挽。”遂改定西州为安定州，会州为会宁州。[⑦]

第五节　小结

中国的自然灾害爆发次数多，规模大，破坏力强，影响深远。灾害过后，善后问题除了赈灾、恢复生产，在特殊情况下还需要调整政府管理秩序、稳定社会控制，从而采取调整政区的措施。

① 《元史》卷二十五《仁宗本纪二》，第 574 页。
② 《元史》卷二十二《武宗本纪一》，第 486 页。
③ 《元史》卷二十三《武宗本纪二》，第 530 页。
④ 《元史》卷二十六《仁宗本纪三》，第 577 页。
⑤ 《元史》卷二十六《仁宗本纪三》，第 580 页。
⑥ 《元史》卷三十九《顺帝本纪二》，第 845 页。同书卷五十八《地理志一》作至元三年，第 1350、1351 页。今从《本纪》。
⑦ 《元史》卷四十二《顺帝本纪五》，第 897 页。

自然灾害导致的政区调整主要有四种情况：一是政区之间重新划界，二是治所迁移，三是政区的新建或裁撤，四是地名更改。另外，自然灾害对首都的威胁并不少见，会导致都城的迁移。如有学者认为商代前期都城多次迁移，其中就有水患因素。① 但这类事例极为少见，此处暂不讨论。从历史的经验来看，水灾、地震及沙漠化对政区变化的影响巨大，主要是因为这三种灾害破坏力强，会对地表造成巨大的变化，从而推动政区的调整。旱灾、蝗灾破坏力有时候不亚于水灾、地震，但基本上是对经济的破坏，不会造成地表结构变化，故对政区变化影响较小。从地区来讲，今河南、山东、江苏三省因地处黄河中下游与长江下游，又有运河经过，水患频发，导致行政区划变迁的事例较多。据蔡泰彬统计，明代黄河中下游沿岸州县为避河患迁徙城池共有 29 次，其中河南 16 次，山东 6 次，江苏 5 次，安徽 2 次。② 而曹州、考城为避水患，曾多次迁移治所。

自然灾害后，如何合理有效地调整政区，则是一门很深的学问。从历史上来看，不是每次政区调整都有益于地方管理，有的反而造成政区之间相互争夺利益、相互掣肘的情况，不利于对自然灾害的治理和防范。更深入分析自然灾害对中国历史上的行政区划影响，需要另外专题探讨。

---

① 参见傅筑夫：《殷代的游农与殷人的迁居——殷代农业的发展水平和相应的土地制度和剥削关系》，载《中国经济史论丛》（上），生活 · 读书 · 新知三联书店 1980 年版，第 28 页。

② 蔡泰彬：《晚明黄河水患与潘季驯之治河》，第 11—16 页。

第二章

明清时期水患对苏北政区治所迁移的影响

治所迁移一直是历史地理学非常关注的话题。中国古代的政区有统县政区和县级政区之分，近年来有关县级政区治所迁移的研究较多。总体来看，影响治所迁移的因素很多，社会人文因素、自然因素都会单独或交互影响各类治所的迁移。

自然灾害因素也会导致政区调整，影响着政治地理的进程。王娟、卜风贤等和笔者曾撰文专门探讨自然灾害与政区调整之间的关系，进行宏观理论总结。[①] 受自然灾害影响，县级治所（下文多简称为县治）迁移的事例非常多。近年来，学界已经开始日益关注这一问题。

陈隆文对汜水县城进行了研究，指出虎牢关城由于受黄河的侧蚀，不得不迁徙至今汜水镇一带。汜水县城自元代中后期受黄河及汜水水患影响，直到 1982 年才得以缓解，时间长达 600 年，元、明、清三代汜水因水患迁城三次，而曾经的汜水县也因为黄河

---

① 王娟、卜风贤：《古代灾后政区调整基本模式探究》，《中国农学通报》2010 年第 6 期；卜风贤：《政区调整与灾害应对：历史灾害地理的初步尝试》，载郝平、高建国主编：《多学科视野下的华北灾荒与社会变迁研究》；段伟：《自然灾害与中国古代的行政区划变迁说微》，载《历史地理》第 26 辑。

的不断侵扰导致生态破坏，民生凋敝，由县降为镇。[①] 高源分析了鱼台县建制沿革、县治变迁及变迁原因，指出历代鱼台受黄河决口影响严重，鱼台县历次迁城几乎都与河决有关。[②] 孙景超、耿楠指出，历史时期黄河的决口改道对黄河沿岸河南省行政区划的影响一方面是治所迁移，另一方面是行政区划归属的改变。[③]

明清时期县级治所迁移的原因也有很多学者讨论。蔡泰彬在《晚明黄河水患与潘季驯之治河》中指出，城池迁徙是黄河溃溢对下游沿岸州县造成的影响之一。[④] 陈庆江认为明代云南政区治所迁徙的直接原因中有水患、地震自然灾害等地理因素。[⑤] 许鹏则对清代所有县级以上治所迁移做了分析，认为水灾的影响是造成县治迁移的原因之一。[⑥] 具体到治所迁移案例，曹怀之详细分析了寿张县自上古分野时期至近现代的沿革情况，指出了明代寿张县县治因水患而迁移[⑦]；张修桂指出，1352—1586 年，崇明县城曾五次迁徙，这五次迁徙都是由长江发生的大洪水和暴风造成的风暴潮引起的崇明岛冲淤变化导致的[⑧]；王浩远指出佛坪厅治所佛爷坪迁治的重要因素之一是水患导致水土流失灾害频发，同

---

① 陈隆文：《水患与黄河流域古代城市的变迁研究——以河南汜水县城为研究对象》，《河南大学学报(社会科学版)》2009 年第 5 期。

② 高源：《鱼台县城址变迁析》，《西安社会科学》2011 年第 3 期。

③ 孙景超、耿楠：《黄河与河南地名》，《殷都学刊》2010 年第 3 期。

④ 蔡泰彬：《晚明黄河水患与潘季驯之治河》，第 10—22 页。

⑤ 陈庆江：《明代云南政区治所研究》，第 100 页。

⑥ 许鹏：《清代政区治所迁徙的初步研究》，《中国历史地理论丛》2006 年第 2 期。

⑦ 曹怀之：《寿张县县治沿革考》，台前县地方史志编纂委员会编《台前县志》附录，中州古籍出版社 2001 年版，第 792—801 页。

⑧ 张修桂：《崇明岛形成的历史过程》，《复旦学报(社会科学版)》2005 年第 3 期。

时还探讨了是否迁回原治的争论，分析了迁回原治的原因①。

上述研究表明，水患对中国古代的县治迁移影响很大，学者多从个案的角度予以考察，也有从宏观角度进行概括。但对特定区域内的水患影响县治迁移的过程，尚缺乏细致探讨。成一农曾从理论层面分析了中国古代城市选址问题，涉及较多的县治迁移，他指出："虽然地理环境或者某些宏观要素对于城市选址起到了一定的决定因素，但是否认识到这种因素，对这种因素认识的程度、方式，以及在各种因素、利弊中的权衡，都是由人进行的，而且不同的人有着不同的认识和态度。"②中国古代的许多城市选址问题因为史料的缺乏，不得不从宏观层面予以分析，难以看到其中人的因素。明清时期地方志和档案等留存下来的文献较多，特别是江浙地区，这就为我们进一步讨论城市选址问题提供了条件。明清苏北地区地处黄河下游，京杭大运河贯穿其中，河患严重，很多州县饱受水患之苦。面对恶劣的水环境，一些州县选择了迁治，另一些县城限于其他因素，没有迁治。考察这片区域政治地理格局的变化，不仅有利于我们正确理解这些变化的原因，也有利于当今的水环境治理。

第一节　明清时期苏北的水患概况

依据自然地理、政区、经济、文化等不同层面，学界对"苏北"

---

① 王浩远：《从骆谷道到佛坪厅——秦岭深处的天与人》，《中国历史地理论丛》2013年第2期。

② 成一农：《中国古代城市选址研究方法的反思》，《中国历史地理论丛》2012年第1期。

的概念有不同界定，涉及范围稍有不同。吴必虎认为苏北平原“泛指里下河平原及其东面的沿海平原为核心的平原区域”[①]；吴海涛、金光认为“清代苏北地区有徐州府、淮安府、扬州府、海州和通州等三府二州”[②]；胡梦飞指出“苏北地区主要指的是现今江苏省长江以北地区，明代属南直隶扬州府、淮安府、徐州（直隶州）等地区管辖，清代雍正年间以后，苏北地区主要属徐州、淮安、扬州三府以及海州、通州管辖”[③]。

因为明清时期黄河水患对江苏政区调整影响很大，本章关注的是水患对政治地理的影响，故主要依据龚国元划定的黄淮海平原[④]中的江苏部分作为“苏北”的范围，即以宣统三年（1911）的淮安府、徐州府、扬州府、海州直隶州三府一州作为研究区域。当时，淮安府辖山阳、阜宁、清河、盐城、安东、桃源六县，徐州府辖铜山、萧县、沛县、邳州、砀山、宿迁、睢宁、丰县一州七县，海州直隶州辖赣榆、沭阳两县，扬州府辖江都、甘泉、扬子、高邮州、宝应、兴化、泰州、东台两州六县。本章即考察这个区域明清时期的府州县治所因水患迁徙的过程和影响，县级政区以下的治所不在考察之列。

---

① 吴必虎：《历史时期苏北平原地理系统研究》，华东师范大学出版社 1996 年版，第 1 页。

② 吴海涛、金光：《清代苏北集市镇发展述论》，《中国社会经济史研究》2002 年第 3 期。

③ 胡梦飞：《明清时期苏北地区水神信仰的历史考察——以运河沿线区域为中心》，《江苏社会科学》2013 年第 3 期。

④ 龚国元：《黄淮海平原范围的初步探讨》，载左大康主编：《黄淮海平原治理和开发》第一集，科学出版社 1985 年版，第 1—8 页。

一、明清时期苏北政区沿革概述

明清时期苏北地区的建置沿革有很多变化，简述如下：

徐州府 明洪武四年(1371)二月徐州属中都临濠府，十四年(1381)十一月直隶京师。成祖迁都北京后，徐州仍隶南京，领萧县、沛县、丰县、砀山四县。[①] 清顺治初，徐州为直隶州，仍领四县。邳州原属淮安府，雍正二年升为直隶州，下辖宿迁、睢宁。十一年徐州升为府，置铜山县为附郭，降邳州为散州来属。[②] 至宣统三年徐州府辖铜山、萧县、沛县、邳州、砀山、宿迁、睢宁、丰县一州七县。

淮安府 明洪武元年(1368)淮安府直领山阳、盐城、桃源、清河、沭阳五县，安东、泗州、海州三州，海州辖赣榆一县，泗州辖天长、虹县、五河、临淮、盱眙五县。二年安东降为县，泗州升为直隶州，领临淮、虹、五河、盱眙、天长五县。[③] 十五年凤阳府属邳州及所领宿迁、睢宁来隶。[④] 清雍正二年升海州、邳州为直隶州，赣榆、沭阳属海州，宿迁、睢宁属邳州。九年析山阳、盐城地，增置阜宁县。[⑤] 十一年邳州及所辖的宿迁、睢宁二县改属徐州府。[⑥] 至

---

① 《明史》卷四十《地理志一》，第930页。

② 《世宗宪皇帝实录》卷一二九，雍正十一年三月癸巳条，《清实录》第8册，中华书局1985年版，第680页。

③ 《明太祖实录》卷三八，洪武二年春正月甲子条，第780页；卷四五，洪武二年九月癸卯条，第880页。

④ 《明史》卷四十《地理志一》，第916页。

⑤ 《世宗宪皇帝实录》卷一〇九，雍正九年八月丁酉条，《清实录》第8册，第446页。

⑥ 咸丰《邳州志》卷二《沿革》，《中国地方志集成·江苏府县志辑》第63册，江苏古籍出版社1991年版，第259页。

宣统三年，淮安府辖山阳、清河、阜宁、盐城、桃源、安东六县。

扬州府　明初扬州府领高邮、通州、泰州三州，江都、泰兴、仪真、如皋、海门、宝应、兴化、六合、崇明九县，直隶京师。洪武二十三年六合县改隶应天府，崇明县改隶苏州府。[①] 清康熙十一年海门县圮于海，并入通州。雍正元年（1723），改仪真为仪征。[②] 雍正二年通州升为直隶州，辖泰兴、如皋二县。九年析江都，置甘泉县。乾隆三十三年（1767）析泰州，置东台县。[③] 宣统元年（1909），改仪征为扬子。[④] 宣统三年扬州府辖高邮州、泰州及江都、甘泉、宝应、兴化、东台、扬子两州六县。

海州直隶州　明代海州为淮安府属州，领赣榆县。[⑤] 清初因之。雍正二年海州升直隶州，割淮安府之沭阳来属[⑥]，领赣榆、沭阳二县。至宣统三年不变。

二、明清时期苏北水患概况

明清时期，苏北地区水患频发，以往研究曾做过相关统计。彭安玉依据正史、河渠水利著作、府县志，统计明清时期苏北水灾

---

① 《明史》卷四十《地理志一》，第 917 页。

② 《清朝文献通考》卷二百七十五《舆地考七・江苏省》，商务印书馆 1936 年版，第 7300 页。

③ 嘉庆《东台县志》卷六《建置沿革》，《中国地方志集成・江苏府县志辑》第 60 册，江苏古籍出版社 1991 年版，第 317、386 页。

④ 《宣统政纪》卷十一，宣统元年三月癸丑条，《清实录》第 60 册，中华书局 1987 年版，第 218 页。

⑤ 《明史》卷四十《地理志一》，第 916 页。

⑥ 嘉庆《海州直隶州志》卷二《沿革表一》，《中国地方志集成・江苏府县志辑》第 64 册，江苏古籍出版社 1991 年版，第 36 页。

概况，指出“明清两朝苏北洪水年份有 325 年，雨涝有 188 年”[①]。王树槐依据县志整理的明清江苏各府水旱灾比较表（清代统计时间段截止到道光年间），苏北府州为：扬州府明代水灾 22 次，清代水灾 26 次；淮安府明代水灾 29 次，清代水灾 20 次；徐州府明代水灾 19 次，清代水灾 22 次；海州明代水灾 3 次，清代水灾 6 次。明代江北（包括通州）水灾每 10 年次数为 3.2，清代江北水灾每 10 年为 4.0。从其统计看出，明代江南、江北水患频次相近，但清代江北的水患远超过江南。[②]《清代淮河流域洪涝档案史料》主要依据国家第一历史档案馆保存的清代档案，整理出 1736—1911 年洪涝州县所占年次表（单位：年次），统计结果为：山阳 112，海州 108，铜山 104，阜宁 98，清河 96，安东 93，桃源 92，盐城 88，沭阳 87，萧县 86，宿迁 85，砀山 84，睢宁 81，泰州 81，宝应 80，兴化 80，邳州 79，高邮州 79，江都 79，沛县 77，甘泉 67，东台 65，丰县 59，赣榆 42。[③] 赵明奇在《徐州自然灾害史》中，依据正史、实录、县志、府志等统计徐州地区在明代水涝 120 次，清代水涝 203 次。[④]

由于上述研究所据资料不同，统计方式各样，统计结果有很大差异，数据之间难以进行比较。但无疑都表明，明清时期苏北各县的水患是非常严重的。综观史料，当时的水患有以下特点：

第一，水患的连续性强，一般连续二至三年发生，严重的甚至

---

① 彭安玉：《明清苏北水灾研究》，内蒙古人民出版社 2006 年版，第 85 页。

② 王树槐：《中国现代化的区域研究：江苏省 1860—1916》，台湾“中研院”近代史研究所 1985 年再版，第 12 页。

③ 水利电力部水管司、水利水电科学研究院编：《清代淮河流域洪涝档案史料》，中华书局 1988 年版，第 13 页。

④ 赵明奇：《徐州自然灾害史》，气象出版社 1994 年版，第 101、199 页。

达到十年以上。如安东曾连续十一年水患，据载："万历元年大水……二年秋七月海水大上河荡并溢，漂没清河、安东、盐城等县官民庐舍万二千余间，溺死男妇一千六百余口……三年夏六月霖雨不止，风霾大作，河淮并涨，居民结筏，采芦心草根以食；四年秋八月河决海涨，居民逃散……五年、六年、七年皆大水，田与海连，百里无烟，舟行城市，复有废县之议；八年大水，无禾……九年大水……十年、十一年大水，漂溺人畜，倒坏房屋无算。"①这种连续性水患无疑破坏性非常大，甚至出现废县的建议。

第二，水患类型多样。苏北水患依据文献记载大致可分为五种：一是黄河决溢；二是运河、淮河及各个支流的决溢；三是湖泊的决溢；四是过水影响，上游水患导致下游被灾；五是河流、海水冲击带来的水患，如"卤水倒灌""江坍"。很多水患是在多种因素作用下发生的，如"康熙三十九年淮、黄南注，江潮北涌，自邮至扬一望洪涛，秋无禾"②。

第三，黄河决溢是苏北水患的最重要来源，其河道的变迁对相关流域影响很大。南宋建炎二年至明嘉靖二十五年(1546)黄河部分河水循北道，分流夺淮入海，河流主干道逐步逼近苏北，水患对苏北地区影响相对较小。嘉靖二十五年后黄河"全河尽出徐、邳，夺泗入淮"③，苏北水患越来越严重。王均指出："明万历

① 光绪《安东县志》卷五《民赋下》，《中国地方志集成·江苏府县志辑》第56册，江苏古籍出版社1991年版，第40页。

② 嘉庆《高邮州志》卷十二《灾祥》，《中国地方志集成·江苏府县志辑》第46册，江苏古籍出版社1991年版，第575页。

③ [清]傅泽洪：《行水金鉴》第三册，卷三十九，商务印书馆1937年版，第564页。

年间初期，潘季驯第三次治河时，河患集中在徐州西北河段。”[①]之后，河患影响渐渐由徐州下移到淮安府部分州县。

第四，1855年黄河北徙后水患对苏北的影响依然存在。黄河改道之前长时间夺淮入海，泥沙大量淤积，造成淮河流域的河道、湖泊泄洪能力下降，水系紊乱，改道后水患仍长期影响苏北地区。如同治五年（1866）“六月，运河决清水潭，东堤漫塌二百七十九丈，西堤漫塌四百五十七丈，月、秒二闸又漫塌过水……（光绪）三十二年淮、沂、泗交涨，淮南北同罹害”[②]。宣统三年，苏北地区仍受水患影响。当年元旦，赣榆县“大水”[③]；沭阳县“秋，沂大涨，七夕沭溢入城，街心深三尺，北六塘决周码头，倾庐舍无算”[④]；阜宁县“七月，大风雨，历三昼夜”[⑤]；盐城县“秋，大雨水伤禾”[⑥]；宿迁县“夏秋大水，运河决轮车头，黄墩、骆马两湖灾”[⑦]；江都县“大水，沿江洲圩漫决成灾”[⑧]。

---

① 王均：《淮河下游水系变迁及黄运关系变迁的初步研究》，载张义丰等主编：《淮河地理研究》，测绘出版社1993年版，第155页。

② 民国《续修兴化县志》卷二《河渠二·运河》，《中国地方志集成·江苏府县志辑》第48册，江苏古籍出版社1991年版，第445页。

③ 民国《赣榆县续志》卷四《杂记·祥异》，《中国地方志集成·江苏府县志辑》第65册，江苏古籍出版社1991年版，第731页。

④ 民国《重修沭阳县志》卷十三《杂类志·祥异》，《中国地方志集成·江苏府县志辑》第57册，江苏古籍出版社1991年版，第314页。

⑤ 民国《阜宁县新志》卷首《大事记》，《中国地方志集成·江苏府县志辑》第60册，江苏古籍出版社1991年版，第10页。

⑥ 民国《续修盐城县志》卷十四《杂类志》，《中国地方志集成·江苏府县志辑》第59册，江苏古籍出版社1991年版，第463页。

⑦ 民国《宿迁县志》卷七《民赋下·水旱蠲振》，《中国地方志集成·江苏府县志辑》第58册，江苏古籍出版社1991年版，第457页。

⑧ 民国《江都县续志》卷四《民赋考中》，《中国地方志集成·江苏府县志辑》第67册，江苏古籍出版社1991年版，第422页。

第五，水患在苏北地区空间分布差异大。黄河、淮河、运河及洪泽湖附近地区水患频率和受灾程度高于其他地区。徐州府地有黄河、运河，嘉靖二十五年后黄河对徐州府地的影响加大，水灾越来越严重。淮安府和扬州府的高邮、宝应、兴化、泰州、盐城、阜宁、清河、山阳等地势低洼的州县，在黄、淮、运及洪泽湖决溢的影响下，易受水患侵袭。海州直隶州距离黄河及运河都较远，受水患影响最小。

在如此频繁的水患面前，苏北的一些政区治所面临巨大的冲击，城市被毁，导致部分治所被迫迁移。

第二节　水患影响下的政区治所迁移

由上文可知，明清时期的徐州府、淮安府、扬州府、海州直隶州三府一州都饱受水患影响，但引发的政区治所迁移分布却并不均衡。明清 544 年间，苏北发生治所迁移共 17 次，涉及 8 个州县，皆在徐州府和淮安府境，扬州府和海州直隶州没有发生治所迁移。因水患迁治的则有 11 次，集中发生在徐州府，共 10 次，淮安府仅有 1 次。其余 6 次迁治或是因为战乱，或是因新治不便迁回旧治。许鹏统计清代省会、府、厅、州、县治所的迁移数量，指出有清一代，散州徙治 10 次，占散州总数的 7.9%，县治迁徙 58 次，占县治总数的 4.2%。[①] 相比之下，明清时期苏北地区的治所迁徙是非常多的，其中又以徐州府境治所迁徙最为频繁。

---

① 许鹏：《清代政区治所迁徙的初步研究》，《中国历史地理论丛》2006 年第 2 期。

为何徐州府境的水患对治所迁移影响如此巨大？现逐一梳理明清时期苏北地区水患对政区治所的影响情况，分析水患影响下的治所迁移，论述治所迁移的过程、结果及迁治中的争论等问题，总结水患影响下的治所变迁特点及规律。

（一）沛县

沛县在地理位置上处于“黄河下流，冲蚀激射，夷陵断岭，沙漫土淤，率以为常”[①]。明清时期，沛县曾有五次迁移县治，首次迁治是明初，乾隆《沛县志》卷一《舆地》载：“明太祖洪武二年迁县治。”未详载原由。最后一次迁治在咸丰十一年（1861），因为捻乱迁回明代的旧县治。其余三次皆因水患影响。

明初沛县无城墙，洪武二年知县费忠信将县治从泗水东岸迁于“泗水西浒”[②]。此后泡水长期冲击沛县县治，“泡水贯沛城，其来久矣”[③]。水患影响下，知县王治于嘉靖二十一年营建新治所，新治所地理位置优越，“南阻泡，而东临泗，县治随逼近南子城”。当时“筑城、迁学二役一时并举，卒未议迁，意有待也”[④]，最终还是没有迁治新治所。嘉靖二十五年知县周泾在泗水西岸的原治基础上建砖城。

水患仍不断冲击县治，毁坏城垣及县署。嘉靖四十三年

---

① 同治《徐州府志》卷十六《建置考》，《中国地方志集成·江苏府县志辑》第61册，第468页。

② 民国《沛县志》卷二《沿革纪事表》，《中国地方志集成·江苏府县志辑》第63册，江苏古籍出版社1991年版，第26页。

③ 同治《徐州府志》卷十六《建置考》，《中国地方志集成·江苏府县志辑》第61册，江苏古籍出版社1991年版，第468页。

④ 同治《徐州府志》卷十六《建置考》，《中国地方志集成·江苏府县志辑》第61册，第468页。

(1564)“黄河北泛，冲泡，湮泗、运，且徙而东”[①]；四十四年“春积冰，水暴至，冲决桥两岸，毁南月城。仲秋乃洋溢无涯，没阜襄城五六尺”[②]；四十五年“仲秋及期大至，民无生气，幸决西堤北走，扼杀正流，城址如故，积淤五尺，外高内洼，城中汇为水潴，至于丁卯夏中乃涸焉”[③]。三次连续大水冲击下，特别是嘉靖四十五年(1566)的大水，隆庆元年(1657)夏城中水才干涸，沛县于是有了第一次迁治建议，讨论激烈。李时《重修县志记》对此有详细记载。[④]

巡抚建议迁治于新河高地。知县李时则认为不适宜迁治，水患已经使百姓苦不堪言，故决定不迁治，而是在原治基础上修建，加高城基，照旧治形式建设。最终，巡抚放弃迁治建议，协助知县修行院、僚舍及城垣。在旧治基础上的建设，节省了人力、物力、财力，减少民众负担，城址垫高，水患影响变小。第一次迁治建议未实施。

第二次迁治建议发生在万历三十一年(1603)。隆庆元年后，沛县仍水患不断，政府多次修堤，抵挡水患。隆庆三年(1569)“七月，河决沛县，自考城、虞城、曹、单、丰、沛抵徐州，俱受其害，河水横溢，沛地秦沟、浊河口淤沙，旋疏旋壅”；“五年秋，河溢，大水夜

---

① 民国《沛县志》卷五《建置志・公署》，《中国地方志集成・江苏府县志辑》第63册，第55页。

② 民国《沛县志》卷五《建置志・城垣》，《中国地方志集成・江苏府县志辑》第63册，第54页。

③ 民国《沛县志》卷五《建置志・城垣》，《中国地方志集成・江苏府县志辑》第63册，第54页。

④ 民国《沛县志》卷五《建置志・城垣》，《中国地方志集成・江苏府县志辑》第63册，第54页。

至，城几陷，力御始免”；“六年，尚书朱衡缮丰、沛大黄堤，正河安流，运道大通”。万历“元年，河决房村，沛县窑子头至秦沟口筑堤七十里，接大北堤，徐邳新堤外别筑遥堤，而河稍安，运道亦利”。但“四年，河决沛县缕水堤，丰、曹二县长堤，丰、沛、徐州、睢宁田庐漂没无算”[①]；“五年河复泛，城几不保，赖南部马公昞力捍获免”[②]。到“三十一年五月，河决沛县四铺口、太行堤，陷城，灌昭阳湖，入夏镇，冲运道，丰县被浸”[③]，“秋，黄河挟淫潦卷地北趋，溃堤灌城，官舍民居胥沦于水”[④]，水患影响下，“议者遂欲迁邑于戚，以避其锋，士民皇惑，莫知所定”[⑤]，一些人建议迁治于戚。戚位于县西南，有戚山，地势较高。

在意见未定之时，总河李化龙认为可以设治于旧城附近，在旧城基础上建设，不必迁戚。民众都认为就近迁治比较便利。总河将迁治建议上报，朝廷同意就近迁治。于是知县李汝让请高彭寿堪舆地利，择城北隅作为新治所。[⑥]

决定迁治后，沛县进行新治建设，历时三年。其间，万历三十二年(1604)沛县又遭水患，“八月河决朱旺口及太行堤。是年，沛

---

① 民国《沛县志》卷四《河防志》，《中国地方志集成·江苏府县志辑》第63册，第42页。

② 民国《沛县志》卷五《建置志·公署》，《中国地方志集成·江苏府县志辑》第63册，第55页。

③ 民国《沛县志》卷二《沿革纪事表》，《中国地方志集成·江苏府县志辑》第63册，第28页。

④ 民国《沛县志》卷五《建置志·公署》，《中国地方志集成·江苏府县志辑》第63册，第55页。

⑤ 民国《沛县志》卷五《建置志·公署》，《中国地方志集成·江苏府县志辑》第63册，第55页。

⑥ [明]张贞观：《新迁县治记》，民国《沛县志》卷五《建置志·公署》，《中国地方志集成·江苏府县志辑》第63册，第55页。

亦大水陷城”[①]。万历三十三年(1605)知县李汝让即将县治从泗水西岸“迁于城北隅”[②],即北门之东偏,距离旧治二射许[③]。详细迁治过程详载李汝让《迁县附记》[④]。

这是明清时期沛县第一次因水患迁移县治。首先在水患影响下民众有迁治于戚的建议。总河李化龙决定在旧城附近建设新治,一是可以在旧城基础上建设,二是沛县长期受水患影响,迁治耗费大,当时情况不适合迁治。在选择新治位置时,沛县采取堪舆的方法确定新治具体位置,注重新治形胜。此次新治所占之地是官绅之地,其中十分之七属于张愲宇都谏之地,十分之三是其他官绅之地。知县本打算用官地作为补偿,这些官绅认为应该为迁治做一些贡献,推辞不受。历时三年新治建成,知县李汝让负责迁治。此次迁治是官员、民众和士绅综合参与的过程。

第二次因水患迁治在乾隆四十八年,知县孙朝干将县治由城北隅西迁至栖山。清代城池曾遭受多次水患。雍正五年(1727)“秋,清水套决,淹护城堤,坏民庐舍,塞城门”[⑤],城垣也倾圮,此后连续三年大水;十年知县施霈重筑护城堤。乾隆二年(1737)知县李棠修复旧观。乾隆四十六年(1781)八月,黄河在河南省青龙冈

---

① 同治《徐州府志》卷五下《纪事表》,《中国地方志集成·江苏府县志辑》第61册,第94页。

② 民国《沛县志》卷二《沿革纪事表》,《中国地方志集成·江苏府县志辑》第63册,第28页。

③ 民国《沛县志》卷五《建置志·公署》,《中国地方志集成·江苏府县志辑》第63册,第55页。

④ [明]李汝让:《迁县附记》,民国《沛县志》卷五《建置志·公署》,《中国地方志集成·江苏府县志辑》第63册,第55页。

⑤ 民国《沛县志》卷二《沿革纪事表》,《中国地方志集成·江苏府县志辑》第63册,第30页。

决口,导致“沙淤陷沛县城,仓署、坛庙全行沉没,乃迁治栖山”①。栖山位于“城西南三十里”②。民国《沛县志》和《清史稿》都认为是乾隆四十六年迁治。③《清实录》记载迁治时间则为乾隆四十八年:

> 谕曰:“江南徐州府属之沛县……着传谕萨载相度地势情形,如有高阜可迁处所,即亲往履勘,妥为经理……寻奏,查沛县西南三十里有戚山,地势较高,可移建新城。……得旨,好。如所议行。”④
>
> “沛县移建城垣一事,前经萨载查勘,于旧城西南三十里之戚山,地势高爽,堪以改建。岁内自可办理完竣。”⑤

《嘉庆重修一统志》载:“(沛县城)乾隆三年修,四十六年重修,四十八年因水圮,移建戚山,嘉庆五年重修。”⑥两江总督萨载在乾隆四十八年的奏折中说:“查该县各地,惟戚山一带地处高阜。此外,如所辖之夏镇地方,虽有砖城而滨临微湖、运河,近年亦被淹

① 民国《沛县志》卷二《沿革纪事表》,《中国地方志集成·江苏府县志辑》第63册,第30页。

② 同治《徐州府志》卷十六《建置考》,《中国地方志集成·江苏府县志辑》第61册,第477页。

③ 民国《沛县志》卷五《建置志·城垣》,《中国地方志集成·江苏府县志辑》第63册,第54页。《清史稿》卷五十八《地理志·江苏》沛县条,中华书局1977年版,第1989页。

④《高宗纯皇帝实录》卷一千一百七十七,乾隆四十八年三月戊申条,《清实录》第23册,中华书局1986年版,第774、775页。

⑤《高宗纯皇帝实录》卷一千一百八十四,乾隆四十八年七月庚子条,《清实录》第23册,第858页。

⑥《嘉庆重修一统志》第5册,卷一百《徐州府一·城池》沛县城条,中华书局1986年版,第4297页。

浸，与县城相隔……迁移亦属不便。”[①]综上，应是乾隆四十八年迁治栖山。栖山即戚山、七山，即明代万历年间准备迁治的地方，说明此地确实符合迁治条件。

第三次因水患迁治在咸丰元年(1851)，知县景步逵将县治由栖山迁往夏镇。“咸丰元年闰八月，河决丰县蟠龙集，沙淤没栖山县治。是年春夏间，儿童成群以高粱稭做撑船状，为欸乃声，比秋，而黄河决矣。是年迁治夏镇。”[②]关于这次水患，江南河道总督杨以增在其奏报中也说：“被水灾民以沛境为重。”[③]也有文献认为是咸丰三年迁治。[④] 夏镇城在“县治东北四十里，新河西岸”[⑤]，微山湖东。夏镇遭受河患主要发生在明代。万历七年(1579)秋，“筑夏镇护堤缕水堤成”，但好景不长，十年后，夏镇仍然被淹，“十七年六月，黄水暴涨，决兽医口月堤，漫李景高口新堤，冲入夏镇内河，坏田庐没人民无算，十月决口塞”。十九年，河道尚书潘季驯“以留城一带湖水难行，改开李家口河，自夏镇吕公堂迤西，转东南，经龙塘至内华闸以接新开镇口河，共一百里”，二十年，李家口河成。[⑥] 万历三十一年，“河大决单县苏家庄及曹县

---

① 两江总督萨载：《奏为遵旨查勘沛县建城地基事》，乾隆四十八年三月二十一日，中国第一历史档案馆录副奏折，档号：03－1135－007，缩微号：080－1373。

② 民国《沛县志》卷二《沿革纪事表》，《中国地方志集成·江苏府县志辑》第63册，第31页。

③ 杨以增：《奏为沛县被水最重徐州道府各厅员捐银助赈使大半灾民得以安置等事》，咸丰元年闰八月初七日，中国第一历史档案馆录副奏片，档号：03－4180－022，缩微号：285－0162。

④ 同治《徐州府志》卷十六《建置考》：“咸丰三年迁夏镇。十一年仍迁原治，于旧城南关筑土垣盖就民砦筑也。”(《中国地方志集成·江苏府县志辑》第61册，第468页)

⑤ 乾隆《江南通志》卷二十《舆地志·城池》，《中国地方志集成》省志辑·江南(3)，凤凰出版社2011年版，第433页。

⑥ 民国《沛县志》卷四《河防志》，《中国地方志集成·江苏府县志辑》第63册，第42页。

缕堤，又决沛县四铺口太行堤，灌昭阳湖，入夏镇，横冲运道”[①]。河臣李化龙开泇河，“自夏镇李家港口起，至宿迁董沟出口，凡二百六十里，自是漕舟不畏二洪之险及镇口之淤”[②]。自是之后，夏镇基本平安。但夏镇为沛县与山东滕县交界，“夏镇二城，跨运河，南城属沛，北城属滕。夏镇圩在二城之间，圩内滕、沛界犬牙相错”[③]，其位置作为县治并不理想。上引两江总督萨载的奏折曾提到，乾隆四十八年也曾考虑迁治于此，后选择了位置更好的栖山。咸丰元年迁治于此实属无奈。咸丰十一年三月，捻军攻陷夏镇，人民死伤极惨，就迁回旧治大桥寨，即明代旧治城北隅所在。

（二）徐州

明清时期徐州受水患影响严重，明代曾因水患迁治一次。

明代在迁治前就曾有多次水患影响州治。隆庆三年至六年（1569—1572）徐州连续大水，特别是五年“九月六日，水决州城西门，倾屋舍，溺死人民甚多”[④]。万历二年（1574）“大水环州城，四门俱塞，民饥”[⑤]，“副使舒应龙、知州刘顺之环城增护堤，又建闸泄潦于城南，城得不溃”，次年护堤建成。[⑥]

---

① 《明史》卷八十四《河渠志二・黄河下》，第2068页。

② 民国《沛县志》卷四《河防志》，《中国地方志集成・江苏府县志辑》第63册，第43页。

③ 民国《沛县志》卷三《疆域志・至道》，《中国地方志集成・江苏府县志辑》第63册，第35页。

④ 同治《徐州府志》卷五下《纪事表》，《中国地方志集成・江苏府县志辑》第61册，第92页。

⑤ 民国《铜山县志》卷四《纪事表》，《中国地方志集成・江苏府县志辑》第62册，江苏古籍出版社1991年版，第59页。

⑥ 民国《铜山县志》卷十《建置考》，《中国地方志集成・江苏府县志辑》第62册，第175页。

万历十八年(1590),“河大溢徐州,水积城中者逾年,众议迁城改河”①,首次出现迁治建议。后潘季驯浚奎山支河,从苏伯湖至小河口,疏通水道,城中积水消除,未迁移县治。

最终迁治发生在天启四年(1624),迁州治于云龙山。之前数年水患曾连续影响州治。天启元年(1621)“六月,徐州大雨七日夜,城内水深数尺,坏民屋千余”②;三年“九月河决徐州青田大龙口,徐州河淤吕梁,城南隅陷,沙高平地丈尺许,双沟决口亦满,上下百五十里尽成平陆”③;四年“六月,决徐州奎山堤,东北灌州城,城中水深一丈三尺,一自南门至云龙山西北大安桥入石狗湖,一由旧支河南流至邓二庄,历租沟东南以达小河,出白洋,仍与黄会。”④面对连续重大水患,“徐民苦淹溺,议集资迁城”⑤。民众有强烈的迁城诉求,政府官员就是否应迁治发生激烈的争论。兵备杨廷槐认为水患严重,应顺应民意,建议迁治于南二十里堡,且已经建设十几个月。但给事中陆文献则认为县治不能迁,上不宜迁六议。⑥ 他认为,一是徐州为漕运要道,若迁治,则运道修防失守;二是徐州地势险要,军事防御作用大,迁治存在军事要地被白莲教占据的风险;三是迁治费用大,在旧治基础上建设较易;四是

---

① 民国《铜山县志》卷十四《河防考》,《中国地方志集成·江苏府县志辑》第62册,第221页。

② 同治《徐州府志》卷五下《纪事表》,《中国地方志集成·江苏府县志辑》第61册,第94页。

③ 民国《铜山县志》卷四《纪事表》,《中国地方志集成·江苏府县志辑》第62册,第60页。

④《明史》卷八十四《河渠志二》,第2071页。

⑤《明史》卷八十四《河渠志二》,第2071页。

⑥ 民国《铜山县志》卷十《建置考》,《中国地方志集成·江苏府县志辑》第62册,第175—176页。

徐州是仓库重地,需靠近河道;五是不迁有利民生,迁新治则民众失去了庐舍,也失去了近水的鱼盐之利,不利于民生;六是徐州是合适的府治地点,与下属州县距离适宜,若迁则不适合作府治。在以上六点的基础上,陆文献建议迁治于城西南之云龙山,距旧治仅有二里,可以统领旧城,花费少,也可加强守卫防御水患。最终徐州"迁州治于云龙山"①。

此次水患后,旧治积水几年不退,泥沙淤积严重,崇祯二年旧治积水消退,由于其地位的重要性,旧治复建,徐州由云龙山迁回旧治。②

(三) 丰县

丰县地势低平,易受水患影响,史载:"故地平衍,水接上游,先是洪水为灾,溃自西北,曹单之冲浸,决入城,民尽鱼鳖,邑里变迁。"③明正德中知县裴爵环城筑堤以防水患。④ 明代丰县因水患迁治一次,嘉靖五年(1526)迁于华山。"嘉靖五年黄河上流骤溢,东北至沛县庙道口,截运河注鸡鸣台口,入昭阳河,汶、泗之水从而东,其出飞云桥者漫而北,淤数十里,河水没丰县,徙治避之。"⑤熊彦臣记载:"嘉靖丙戌夏五月,黄河南决,遂淹丰治,官

---

① 民国《铜山县志》卷四《纪事表》,《中国地方志集成·江苏府县志辑》第 62 册,第 60 页。

② 民国《铜山县志》卷十一《建置考》,《中国地方志集成·江苏府县志辑》第 62 册,第 190 页。

③ 光绪《丰县志》卷十二《艺文类》,《中国地方志集成·江苏府县志辑》第 65 册,江苏古籍出版社 1991 年版,第 221 页。

④ 乾隆《江南通志》卷二十《舆地志·城池》,《中国地方志集成》省志辑·江南(3),第 432 页。

⑤《明史》卷八十三《河渠志一》,第 2028 页。

署、黉塾、澜櫓、闾筏、囷庾、厢橐，荡为泛滓，官胥疢怖，百徒喁喁，上下滕析，罔克奠止，于是相率东依华山，爰揭坪硖，谋集新构，而缔植之，群陋未芟，表仪攸阙，滛洞更为官治，芦棚祀为圣宫。”[①]知县高录遂“迁县治于东南三十里华山之阳”[②]。

华山地理位置优越，但迁治华山后仍受水患影响，嘉靖八年(1529)“河水没丰县，沛大水，舟行入市，平地沙淤数尺，丰亦大水，又六、七年沛、丰俱大水”[③]。

嘉靖三十年(1551)丰县迁回旧治。丰县迁回旧治有两点原因：一是不便民，嘉靖“三十年，知县徐蕡因士民魏璋、王佺、赵通等称不便民，申请复还旧址”[④]；二是乡民思故土，明代万恭《东华山碑记》载：“嘉靖间河灌溉丰邑，治尽圮，则徙邑于华山，环而居二十年。民乐故土，尽思北归，复弃华山，而邑诸故丰。”[⑤]乾隆《大清一统志》也说是嘉靖三十年“复还旧”[⑥]。但光绪《丰县志》又载：“(嘉靖)三十一年，知县徐蕡复还旧治，营建于县之中央。”[⑦]应该是嘉靖三十年在旧址营建城池，次年建官署。这次迁

---

① [明]熊彦臣：《豹台李公德政碑记》，光绪《丰县志》卷十二《艺文志·类记》，《中国地方志集成·江苏府县志辑》第65册，第228页。

② 武同举：《淮系年表》九《明二》嘉靖五年，《中国水利史典》淮河卷一，中国水利水电出版社2015年版，第537页。

③ 同治《徐州府志》卷五下《纪事表》，《中国地方志集成·江苏府县志辑》第61册，第90页。

④ 光绪《丰县志》卷二《营建类·城池》，《中国地方志集成·江苏府县志辑》第65册，第40页。

⑤ 光绪《丰县志》卷十二《艺文类》，《中国地方志集成·江苏府县志辑》第65册，第223页。

⑥ [清]和珅等：《大清一统志》卷六十九《徐州府》丰县故城条，《景印文渊阁四库全书》第475册，台湾商务印书馆1986年版，第406页。

⑦ 光绪《丰县志》卷二《营建类·公署》，《中国地方志集成·江苏府县志辑》第65册，第41页。

回旧治，对于城池修筑非常重视，“创造土城，得旧治三分之一，周一千九百八十四步，高二丈余。三十四年，知县戴辅始修四门楼橹，东曰启元，南曰大亨，西曰美利，北曰肃贞。三十八年，知县胡乂心增筑护城堤，本厚三丈五尺，顶一丈四尺，高一丈二尺。万历十九年，知县费思箴始包以砖石，凡楼橹雉堞以及铺舍无不鼎新，视旧改观焉。……万历三十年，河决朱旺口，县正当冲，浲洞殷流，几与堤平，知县戴一松防守维毖，益修缮旧堤，加阔而高，至今赖以捍御”①。经过嘉靖至万历年间的修筑城池和护城堤，虽然水患影响依然存在，但再也没有迁移县治。

（四）砀山县

砀山县在明代因水患两次迁移县治。砀山地势低平，明清时期水患不断，乾隆时，徐州知府邵大业指出：“说者谓砀自前明以来黄河三徙，凡旧志所谓某某河者，强半没于黄流，其说近是。且砀境平衍，无高山陵谷之险，河伯一溢，村落尽墟，无可表识。而旧城既没于水，新城亦屡废稍迁，非旧域也。”②乾隆《砀山县志》说：“水患频仍，(公署)迁徙亦靡定矣。”③砀山县在金代曾遭严重水患，《元史》载：“金为水荡没。元宪宗七年，始复置县治，隶东平路。”④乾隆《砀山县志》则说：“金兴定间罹水，县城始堙，迁邑虞

---

① 光绪《丰县志》卷二《营建类・城池》，《中国地方志集成・江苏府县志辑》第65册，第40—41页。

② [清]邵大业：《砀山县河道图记》，乾隆《砀山县志》卷十三《艺文志》，《中国地方志集成・安徽府县志辑》第29册，江苏古籍出版社1998年版，第206页。

③ 乾隆《砀山县志》卷三《建置志・公署》，《中国地方志集成・安徽府县志辑》第29册，第61页。

④《元史》卷五十八《地理志一》砀山县条，第1367页。

山保安镇，今为永城县境，其地石刻‘砀山县’三大字及儒学棂星门石柱犹存。元至元时还旧地，即今治，尚未建城。”①认为金代仅是迁移县治，非裁撤县。余蔚根据《金史》记载，兴定五年，砀山县“野无居民”，考证砀山县迁治应在兴定五年。②《金史》未载砀山县裁撤或迁治，上引《元史》载其为水荡没，元代复置县治，则应是迁治，而非一些研究者所说的裁撤。余蔚根据《金史・完颜仲德传》，天兴二年（金亡前一年，1233），尚记有严禄“为从宜，在砀山数年”，认为砀山在金末并未废县③，是很可信的。

元代复旧治后，并未建造城池。直到明代后期才始筑土城，随着水患的冲击，城池多次修筑。

第一次迁治在嘉靖四十一年（1562）。乾隆《砀山县志》载：“嘉靖四十一年圮于河，迁治县东南二十里小神集，四十四年复还旧治。”④“嘉靖四十一年河决陷没，城堤仅存遗址，隆庆间知县王廷卿重创城筑城，高加至一丈八尺，基广三丈，建五门。”⑤《淮系年表》载嘉靖四十一年：“砀山县城圮于河，旧城也在今城东里许，是年迁治小神集，四十四年复还旧治。”⑥所指今城为万历二十六

① 乾隆《砀山县志》卷三《建置志・城池》，《中国地方志集成・安徽府县志辑》第29册，第62页。

② 周振鹤主编，余蔚著：《中国行政区划通史・辽金卷》，复旦大学出版社2012年版，第804、805页。

③ 周振鹤主编，余蔚著：《中国行政区划通史・辽金卷》，第804页。

④ 乾隆《砀山县志》卷一《舆地志》，《中国地方志集成・安徽府县志辑》第29册，第35页；同治《徐州府志》卷十六《建置考》，《中国地方志集成・江苏府县志辑》第61册，第467页。

⑤ 乾隆《砀山县志》卷三《建置志・城池》，《中国地方志集成・安徽府县志辑》第29册，第63页。

⑥ 武同举：《淮系年表》九《明二》嘉靖四十一年，《中国水利史典》淮河卷一，第548页。同页载“万历二十年迁今治”，则误。

年(1598)后之治所。

第二次因水患迁治在万历二十六年。县治“万历二十六年秋又为水没,基址亦荡然无存”[①],知县熊应祥改迁旧城西里余秦家堂,仍筑土城。此次迁治是因“圮于河,始迁今治”[②]。当时,叶孝友分析城圮原因:“我朝险设重城,既周且备,而屡筑屡圮者,河为祟也,祟定而必徙必改,则天之玉成。我熊侯意尤殷也,盖外冲者久,久冲则淤甚,怀襄成矣。”[③]碑记中认为黄河水患是影响县治的主要原因。熊应祥迁治后,土城又遭霪雨,城多圮,知县朱之扬、陈秉良相继修筑,未几又圮。万历四十八年(1620),知县蔡一熊用官民废地申请变价,得十之一,改建砖城,来增强县治抵御水患的能力。

(五) 邳州

邳州在清代康熙二十八年(1689)因水患迁治一次。在迁治前邳州曾遭受多次水患。万历二十一年(1593)八月,总理河道舒应龙疏:“五月既望以来,大雨倾注,河流涨溢,邳州城邑业已陷没,高、宝等处湖堤冲决。”[④]顺治九年(1652)“邳州河决,城垣倾圮”[⑤]。

---

① 乾隆《砀山县志》卷三《建置志・城池》,《中国地方志集成・安徽府县志辑》第29册,第63页。

② 乾隆《砀山县志》卷一《舆地志・古迹》,《中国地方志集成・安徽府县志辑》第29册,第35页。

③ [明]叶孝友:《熊侯新城碑记》,乾隆《砀山县志》卷十三《艺文志・记》,《中国地方志集成・安徽府县志辑》第29册,第198—199页。

④《明神宗实录》卷二六三,万历二十一年八月甲申条,台湾“中研院”历史语言研究所1962年校印,第4873页。

⑤ 同治《徐州府志》卷五下《纪事表》,《中国地方志集成・江苏府县志辑》第61册,第98页。

“康熙七年六月河水大，上城陷，居民罕有免者，免者独一二百家，并栖止岸阜，余则俱浸矣，亦终亡之于水也。”①

康熙二十八年迁治艾山，“艾山在邳州东北百里，山多产艾，故名”②。故州治为旧城，邳州旧城“西距葛铎山三里，东距下邳古城三里，南距黄河四里，北至今州城九十里”③。乾隆《江南通志》：“康熙初水滥冲圮，二十九年知州孙居湜、扬州同知马骧奉旨准于艾山改建。”④迁治的资金来源于帑金，共四万三千两。知州孙居湜、扬州同知马骧负责新治建设。

新邳州城其北枕艾山，“东西南三面因深为池，濩以重堤”⑤，“其地北枕山麓，南东西三面因深为池，护以重堤。外则武水绕其东，艾河出其西，交于坤位，背高临深，奥区隐然”⑥。迁治的主要原因是康熙七年（1668）河决。《清史稿》载：“（邳州）旧治下邳。康熙二十八年迁治艾山南。七年河决，移今治。”⑦康熙十一年“河决，邳州城又陷”⑧，再次遭受水患。

---

① 咸丰《邳州志》卷三《建置・城池》，《中国地方志集成・江苏府县志辑》第 63 册，第 260 页。
② 乾隆《江南通志》卷十四《舆地志・山川》，《中国地方志集成》省志辑・江南（3），第 337 页。
③ 咸丰《邳州志》卷三《建置・城池》，《中国地方志集成・江苏府县志辑》第 63 册，第 259 页。
④ 乾隆《江南通志》卷二十《舆地志・城池》，《中国地方志集成》省志辑・江南（3），第 433 页。
⑤ 同治《徐州府志》卷十六《建置考》，《中国地方志集成・江苏府县志辑》第 61 册，第 468 页。
⑥ 咸丰《邳州志》卷三《建置・城池》，《中国地方志集成・江苏府县志辑》第 63 册，第 261 页。
⑦《清史稿》卷五十八《地理志・江苏》，第 1989 页。
⑧ 同治《徐州府志》卷五下《纪事表》，《中国地方志集成・江苏府县志辑》第 61 册，第 98 页。

迁治艾山后治所仍受水患影响。雍正八年(1730)大水灌城，北面圮，神祠、吏舍、库房俱圮于水。乾隆二年知州石杰修。[①] 乾隆八年(1743)知州支本固修筑，加筑护城堤，设涵洞泄水。[②] 四十七年州署再圮于水，知州龙灿岷复修。[③]

(六) 宿迁县

明代宿迁因水患迁治一次，在万历四年(1576)，知县喻文伟先率民寄治淮安城，后迁治马陵山。

明代中期，“宿迁为洪济荡潏，民居半圮而入于河，县治圮者过半，且骎骎及政事堂后，先讲迁者凡十逾纪，皆以财用大绌，格议不行”[④]。民众有迁治的建议已经十几年，但迁治需要耗费大量人力、物力、财力，迁治一直未果。

万历四年，“河决韦家楼，又决沛县，击宿迁城”[⑤]。漕运总督吴桂芳建议迁移县治，“筑土山以避之”[⑥]。当时淮安知府邵元哲也将建议权归于吴桂芳，在其所撰的《迁宿迁城记》中记载，吴认为，“宿迁户口且十五万，今不亟迁，吾不忍十余万生灵尽委而弃之河流也。夫惮暂劳而失永逸，非长策也。惜繁费而昧宏图，非

① 民国《邳志补》卷五《建置・城池》，《中国地方志集成・江苏府县志辑》第63册，第456页。

② 嘉庆《萧县志》卷二《山川》，《中国地方志集成・安徽府县志辑》第29册，第267页。

③ 民国《邳志补》卷五《建置・城池》，《中国地方志集成・江苏府县志辑》第63册，第456页。

④ 光绪《淮安府志》卷五《河防考・黄河》，《中国地方志集成・江苏府县志辑》第54册，江苏古籍出版社1991年版，第57页。

⑤ 光绪《淮安府志》卷五《河防考・黄河》，《中国地方志集成・江苏府县志辑》第54册，第57页。

⑥ 光绪《淮安府志》卷五《河防考・黄河》，《中国地方志集成・江苏府县志辑》第54册，第57页。

完计也”[①]，水患影响下生灵涂炭，建议迁县治于马陵山。

此次水患后，知县喻文伟先率民侨居淮安府城，有淮安府城西北砖楼上书“宿迁县北门”为证（万历时宿迁县属淮安府）。[②]等到大水退去后，喻文伟在万历五年（1577）迁治于马陵山，筑土城。[③] 迁治费用来源于帑金及赎锾。[④]

马陵山位于“宿迁县北二里，陵阜如马，自山东迤逦而来，为邑之镇”[⑤]，被山带河。“马陵发脉泰岳，绵亘八百余里而止，于是溯其行度，则穿落转变为串珠，走马群雁，穿云入局之际，蜿蜒磅礴，既翕复张，由紫微而转天市，自天辅复入天皇，诸峰森抱，黄河绕其南，湖水环其北，向丁坐癸，气格轩雄”，“黄河绕其前，湖水环其左，诸峰森列，如卫如抱，如伏如拱”。新治地理位置优越，是形胜之地，“自是民生安阜，士运振兴”。[⑥]

万历五年六月，黄水泛滥，淹没旧治，而洪水仅仅从新治城下流过。淮安知府邵元哲认为：“父老子弟登埤而眺，俯而乐也，曰我辈顾有今日。予闻之喜，曰夫迁县之役亦繁钜甚矣，十逾纪而

① 民国《宿迁县志》卷四《营建志·城池》，《中国地方志集成·江苏府县志辑》第58册，江苏古籍出版社1991年版，第420页。

② 同治《徐州府志》卷十六《建置考》，《中国地方志集成·江苏府县志辑》第61册，第469页。

③ 民国《宿迁县志》卷四《营建志·城池》，《中国地方志集成·江苏府县志辑》第58册，第420页。

④ 民国《宿迁县志》卷四《营建志·城池》，《中国地方志集成·江苏府县志辑》第58册，第420页。

⑤ 乾隆《江南通志》卷十四《舆地志·山川》，《中国地方志集成》省志辑·江南(3)，第337页。

⑥ 民国《宿迁县志》卷四《营建志·城池》，《中国地方志集成·江苏府县志辑》第58册，第420页。

莫能举，一旦举之，桑阴不移而大功立，又卜得形胜之地。”[①]这显示出新县治的地理优越性。

(七) 萧县

萧县在明代因水患迁治一次，万历五年迁治三台山。迁治之前水患已经严重影响县治。嘉靖二十八年(1549)大水，“萧水围城，四门俱塞”，“二十九年、三十年徐、萧俱大水”[②]；万历元年(1573)“河决徐州，徐、萧、砀大水”[③]；“二年秋复大水，萧城南门内成巨浸，三年徐、萧水”[④]。万历五年“秋八月河复决宿迁、沛县等县，两岸多坏。河复决崔镇，大水坏萧县城”[⑤]。知县伍维翰请迁城避之。巡按上奏伍维翰迁治建议，万历皇帝同意迁治。于是徐州知州孙养魁等亲自堪度新治地点，最后新治地点定在圣泉之南三台山。主要迁治过程由知县负责，迁治资金主要来源于帑金。[⑥]《行水金鉴》载：“万历五年大水城崩，知县伍维翰申请尚书发帑，迁新治于三台山之阳。”[⑦]“旧县在州西五十里。”[⑧]三台山在

① 民国《宿迁县志》卷四《营建志·城池》，《中国地方志集成·江苏府县志辑》第58册，第420页。

② 同治《徐州府志》卷五下《纪事表》，《中国地方志集成·江苏府县志辑》第61册，第91页。

③ 同治《徐州府志》卷五下《纪事表》，《中国地方志集成·江苏府县志辑》第61册，第92页。

④ 同治《徐州府志》卷五下《纪事表》，《中国地方志集成·江苏府县志辑》第61册，第92页。

⑤ 同治《徐州府志》卷五下《纪事表》，《中国地方志集成·江苏府县志辑》第61册，第92页。

⑥ 嘉庆《萧县志》卷十五《艺文》，《中国地方志集成·安徽府县志辑》第29册，第509页。

⑦ [清]傅泽洪：《行水金鉴》第二册，卷二十九，第423页。

⑧ 嘉庆《萧县志》卷一《疆域》，《中国地方志集成·安徽府县志辑》第29册，第254页。

新治城北半里,“数峰如屏,县治在山麓”,“形家以为主山,数峰如屏,独甲诸岭”。[①] 迁治后“河声奔吼远在数十里之外,获免吞口陷垫之忧”[②]。当然水患的影响还依然存在,“萧城如环,原以碎石堆砌,常年水患侵袭,屡筑屡倾”,康熙四年(1665)知县沈大观使采城外颓垣断壁,重亘基址,周围甃以丈石、石灰衅之,内复女墙,城隍坚厚,加固城垣来抵御水患。[③]

另有记载说迁治于白茅山。乾隆《江南通志》:“万历初沉于水,知县伍维翰迁于白茅山麓。”[④]《徐州府志》:“萧县之山则城所倚为三台山,在城北半里,县治在山麓西北二里为圣泉山,又北为三仙台山,相连者为白茅山。”[⑤]《嘉庆重修一统志》载:“三仙台山在萧县北半里,圣泉山北一里余……三台山在萧县北,东有珍珠泉,西有凤眼泉。”[⑥]白茅山在三仙台山附近,三仙台山与三台山不为一座山。万历五年迁治的应是三台山。

(八) 清河县

清河县地势低平,易受水患影响。元代泰定中河决,徙治淮阴故城,天历年间又移治小清口西北。崇祯年间因战乱迁至甘罗城,后迁回旧治。

---

① 嘉庆《萧县志》卷二《形势》,《中国地方志集成・安徽府县志辑》第 29 册,第 263 页。
② 嘉庆《萧县志》卷二《城池》,《中国地方志集成・安徽府县志辑》第 29 册,第 266 页。
③ 嘉庆《萧县志》卷二《城池》,《中国地方志集成・安徽府县志辑》第 29 册,第 266 页。
④ 乾隆《江南通志》卷二十《舆地志・城池》,《中国地方志集成》省志辑・江南(3),第 432 页。
⑤ 同治《徐州府志》卷十一《山川》,《中国地方志集成・江苏府县志辑》第 61 册,第 369 页。
⑥《嘉庆重修一统志》第 5 册,卷一百《徐州府一・山川》,第 4304—4305 页。

康熙年间水患严重，“康熙三十五年秋中河决，水入县治”[1]；“四十一年中河溢，入县治四十余日，居民附堤而居”[2]。因康熙中城屡圮于水，“县亦下，垒土为堤，官署、仓库从上视若阱”[3]，于是“公私尤惙，讨论迁移县治，谋迁于渔沟及罗家荒，议皆格，不果行”[4]。虽然地方官吏民众讨论迁移县治，但未实行。

受水患影响，清河县治最终在乾隆二十五年迁移，江苏巡抚陈宏谋上疏移治山阳县清江浦。他上奏说：一、受水患影响，必须迁移，但是县内无可迁之地；二、山阳县清江浦地理位置优越，商业发达、交通便捷、便于政治管理。[5] 于是，清河迁治清江浦，“割山阳近浦十余乡并入清河”[6]。新县治在旧县治东二十五里[7]，之后“明年分地界，计田赋，立寺舍，拨驿马，一切事宜，定著为令”[8]。

迁治之后仍受水患影响。“嘉庆四年运河水入县治”[9]，尤其

① 光绪《清河县志》卷九《蠲免》，《中国地方志集成·江苏府县志辑》第55册，第922页。

② 光绪《清河县志》卷二十六《杂记·祥异》，《中国地方志集成·江苏府县志辑》第55册，第1096页。

③ 光绪《清河县志》卷三《建置·城池》，《中国地方志集成·江苏府县志辑》第55册，第856页。

④ 光绪《清河县志》卷三《建置·城池》，《中国地方志集成·江苏府县志辑》第55册，第856页。

⑤ 光绪《清河县志》卷三《建置·城池》，《中国地方志集成·江苏府县志辑》第55册，第856页。

⑥ 光绪《清河县志》卷二《疆域·四至》，《中国地方志集成·江苏府县志辑》第55册，第853页。

⑦ 光绪《清河县志》卷二《疆域·四至》，《中国地方志集成·江苏府县志辑》第55册，第853页。

⑧ 光绪《清河县志》卷三《建置·城池》，《中国地方志集成·江苏府县志辑》第55册，第856页。

⑨ 光绪《清河县志》卷九《蠲免》，《中国地方志集成·江苏府县志辑》第55册，第923页。

是在嘉庆十年“云昙坝决，署圮”[①]，不得不寄治于慈云寺。十八年知县龚京正才恢复旧署之制。《淮阴风土记》载县政府变迁：“出商会，经通游巷至镇署街，西行经草市口后街，遂入县政府。县政府本河库道署，乾隆迁县后，初傍斗姥宫（后为都司署），寻依慈云寺，同治二年乃三迁至于此。”[②]同治四年漕运总督吴棠建城于运河南岸，“凭河守险，是为清河县新城”[③]。

第三节　未完成迁治的县

睢宁县受水患影响严重，虽有迁治的建议，但未迁移县治。嘉靖、隆庆之后黄河水患对睢宁影响更大，万历十四年（1586）沈一贯说：“邑故有城，承平日久渐圮，嘉隆间河南决，水直啮皋陆，郛郭荡然，几为坵墟，无复回绕，盖三十余年所未尝问焉。”[④]天启二年（1622）大水，“城颓几半”[⑤]。

水患不断影响睢宁县治。崇祯二年（1629）“秋大水，城尽

① 光绪《清河县志》卷三《建置·城池》，《中国地方志集成·江苏府县志辑》第55册，第858页。
② 张煦侯：《淮阴风土记》，《淮安文献丛刻》第九辑，方志出版社2008年版，第326页。
③ 光绪《清河县志》卷三《建置·城池》，《中国地方志集成·江苏府县志辑》第55册，第856页。
④ ［明］沈一贯：《修城记》，光绪《睢宁县志稿》卷六《建置志》，《中国地方志集成·江苏府县志辑》第65册，江苏古籍出版社1991年版，第347页。
⑤ 光绪《睢宁县志稿》卷六《建置志》，《中国地方志集成·江苏府县志辑》第65册，第348页。

圮”[①]。三年，总河侍郎李若星有迁治建议。[②]《明史·河渠志》也载：“崇祯二年春，河决曹县十四铺口。四月决睢宁，至七月中城尽圮。总河侍郎李若星请迁城避之，而开邳州坝泄水入故道，且塞曹家口、匙头湾，逼水北注，以减睢宁之患。”[③]李若星虽有迁治建议，但是因为县民有安土重迁的思想，最终未迁移县治，仅在崇祯十一年(1638)知县高岐凤重修加固。清代水患依然影响睢宁县治。顺治十六年霪雨城坏，康熙三年知县冯应麒重修。[④] 康熙三十九年(1670)河决圮，五十六年知县刘如宴重修。[⑤]

面对严重水患，睢宁不断重修和加筑城池，始终没有迁移县治。关于未迁治的原因，翰林曹鸣《修城记》认为：“中原大势，趋兖徐入吴为财赋会集之所，邳睢两邑实扼其冲，盖有事必争，无事必守之地，历观汉唐以来故碛可知也。自淮黄交会，运河开通，百万粮艘，咽喉淮安，此两邑据淮上游，西北倚山，东南阻水，远不五十里，唇齿相依，以拱卫淮城，犄角徐凤，地利视昔增重矣。河决邳州之后，邳城北迁，仅余睢宁一城为徐、凤门户，此其城之所系何如哉。”[⑥]军事上，睢宁是淮安重要屏障之一，徐、凤的重要屏障之一邳州已经迁治，仅剩睢宁；经济上，睢宁是财赋重地，漕运重要通

---

① 光绪《睢宁县志稿》卷六《建置志》，《中国地方志集成·江苏府县志辑》第 65 册，第 348 页。

② [清]傅泽洪：《行水金鉴》第三册，卷四十四，第 636、637 页。

③ 《明史》卷八十四《河渠志二》，第 2072 页。

④ 光绪《睢宁县志稿》卷六《建置志》，《中国地方志集成·江苏府县志辑》第 65 册，第 348 页。

⑤ 光绪《睢宁县志稿》卷六《建置志》，《中国地方志集成·江苏府县志辑》第 65 册，第 348 页。

⑥ 光绪《睢宁县志稿》卷六《建置志》，《中国地方志集成·江苏府县志辑》第 65 册，第 348 页。

道。[①] 故睢宁纵使水患已经非常严重，但从大局考虑不迁县治。

安东县地受河患影响起自北宋神宗时，至明嘉靖三十二年(1553)，河决草湾，河水直射安东。安东受灾颇重。万历"三年，河决崔镇而北，淮决高家堰而东，漂没千里，漕艘梗滞。议者以云梯关口壅浅，至欲废安东县治以拯全淮。再开草湾工而上流泛滥如故。至十七年草湾河忽通，安东始岌岌焉，岁有水患也。"[②]安东虽未迁移县治，但一直受到河患影响。至清代，"康熙初大水，地震。鱼游街市，城不倾者一版。及水涸，城圮，榛莽瓦砾，望若通衢"[③]。县城损失非常严重。到康熙二十五年(1686)，知县许同文议重修县城，以工费而止。《安东县志》载："县城自乾隆五十一年黄水淤垫，不知何年重修。同治元年豫逆东窜，知县朱传燧于城外加筑土圩，复掘城下数尺，砖甃如新也。"[④]安东县城在河水多次冲刷下未能迁治。

第四节　小结

本章主要梳理了明清苏北地区政区沿革及水患基本情况，概述了明清时期水患对苏北地区治所的影响过程。综合来看，明清

① 光绪《睢宁县志稿》卷六《建置志》，《中国地方志集成·江苏府县志辑》第65册，第348页。

② 光绪《安东县志》卷三《水利》，《中国地方志集成·江苏府县志辑》第56册，江苏古籍出版社1991年版，第21页。

③ 光绪《安东县志》卷二《建置》，《中国地方志集成·江苏府县志辑》第56册，第14页。

④ 光绪《安东县志》卷二《建置》，《中国地方志集成·江苏府县志辑》第56册，第14页。

苏北地区的水患对政区治所迁移的影响有如下重要特点：

第一，影响治所迁移的水患主要来源于黄河，治所迁移集中发生在徐州府境内。由下列“表1 明清时期苏北政区治所迁移表”可知，苏北地区明清时期因水患进行的治所迁移十一次，九次因河决溢迁治，占水患影响下迁治的82%，其余两次也是与黄河威胁有关，可以说全部与黄河休戚相关，也皆发生在黄河（黄河侵占淮河河道也计入黄河）流经的徐州府、淮安府境，其他黄河未经过的府州没有因水患迁治。[①] 黄河北徙后，水患对徐州府的影响依然存在，但对治所迁移没有重大影响。

表1 明清时期苏北政区治所迁移表

政区名称	迁治前治所在地	迁治时间	迁治原因	迁治后治所
沛县	泗水东岸	明洪武二年(1369)	不详	泗水西浒
	泗水西浒	明万历三十三年(1605)	河决	城北隅
	城北隅	清乾隆四十六年(1781)	河决	栖山
	栖山	清咸丰元年(1851)	河决	夏镇
	夏镇	清咸丰十一年(1861)	捻军战乱	大桥寨即城北隅
徐州	旧治	明天启四年(1625)	河决	云龙山
	云龙山	明崇祯二年(1629)	旧治重要，积水消退	旧治
丰县	旧治	明嘉靖五年(1526)	河决	县治东南华山
	华山	明嘉靖二十九年(1550)	不便民，乡民念故土	旧治

① 运河对治所迁移实际也有一定影响，清河县治在嘉庆十年受运河冲决影响，寄治相近的慈云寺。考虑到这是暂时栖治，与旧址相距不远，后仍回旧址，对政治地理影响不大，故未计算在内。

续　表

政区名称	迁治前治所在地	迁治时间	迁治原因	迁治后治所
砀山	旧治	明嘉靖四十一年(1562)	河溢	小神集
	小神集	明万历二十六年(1598)	圮于河	旧城西里余
邳州	邳州旧城	清康熙二十八年(1689)	河水	艾山新邳州
宿迁	旧治	明万历四年(1576)	河决	马陵山
萧县	旧治	明万历五年(1577)	大水溃没	三台山麓
清河	旧治	明崇祯末年	战乱	甘罗城
	甘罗城	明崇祯末年	甘罗城地僻水恶	大清河口
	大清河口	清乾隆二十五年(1760)	水患威胁	山阳县清江浦

第二，水患影响治所迁移，但不是决定性因素。是否迁移治所是一项重大工程，牵涉到政治因素、社会经济因素和自然因素，故迁徙次数极少。迁治耗费大量人力、物力、财力，是否迁治存在各种争论，最终迁或不迁是各种力量博弈的结果。有些县治虽饱受河患影响，但仍坚守旧治。明清苏北地区三府一州共二十四个州县，八个州县因为水患迁移县治，十六个州县在水患影响下仍坚守旧治，其中睢宁和安东有迁治建议，终未迁。这样的迁治频率相比其他地区是非常频繁的，但从明清两代五百多年的时段来看，特别是考虑到水患对治所的破坏，迁治次数则并不算多。这说明治所迁徙并非易事，我国政区治所有很强的继承性、固定性。迁治时也会考虑地理因素。章生道在《城治的形态与结构研究》中指出，“最有利的城址是在河岸上”①。俞孔坚、张蕾总结的古

① 章生道：《城治的形态与结构研究》，载(美)施坚雅主编：《中华帝国晚期的城市》，叶光庭等译，陈桥驿校，中华书局2000年版，第91页。

代城市三大主要防洪治涝的适应性景观遗产之一是择高地而居。[1] 苏北的治所也是为防水患尽量在政区范围内选择高地。但值得注意的是，迁治并不一定能完全防止水患，有些州县迁治后仍水患不断。为抵御水患，治所迁移后以砖石建城或者加高城墙以增强治所抵御水患能力。

第三，水患影响下苏北地区治所迁移主要发生在明代。前文统计结果显示，苏北部分地区水患清代更为严重，为什么主要迁治时间在明代？明代苏北水患开始严重，对治所影响凸显，一些州县迁移治所，水患对治所影响的问题基本得到解决。行政区划具有历史继承性，清代水患对治所仍有影响，但难以或不足以迁治，故迁治次数没有明代多。许鹏在《清代政区治所迁徙的初步研究》[2]中指出："自然灾害对县治迁移的影响：其中以黄淮中下游流域最为严重。在时间上也有一定的规律性，即这些因水灾引起的迁治约75%在康乾时期。"这是就清代而言，如果把时段拉长，放到明清时期，则与本章得到的结论不同。

第四，从政治因素来看，巡抚、河道总督、漕运总督以及中央、地方官员都可能涉及其中。淮安府是河道总督、漕运总督的驻地，也积极参与到这一地区的治所迁移的讨论中，这是苏北地区的特色。从治所迁移的最终选择方案来看，是集体智慧的体现，展示了一定程度的科学性。

---

① 俞孔坚、张蕾：《黄泛平原古城镇洪涝经验及其适应性景观》，《城市规划学刊》2007年第5期。

② 许鹏：《清代政区治所迁徙的初步研究》，《中国历史地理论丛》2006年第2期。

第三章

黄河水患对明清时期鲁西地区州县治所迁移的影响

明清时期黄河水患频发，经常冲决堤岸，侵犯运河航道，造成大面积的水患，对河南、江苏、安徽、山东等地造成极大的危害。当前学术界对河患引发的政区变动已经有一定认识。[①] 具体到山东省内，李德楠、古帅详尽考察了河患对张秋镇、鱼台县城的影响。[②] 明清时期黄河对鲁西这一大片区域都有一定程度的危害，特别是对州县治所迁移有很大的影响。虽然现今关于鲁西地区自然灾害已有很多研究，但主要是对灾害的统计，灾害原因、过程及政府救灾策略的分析，灾害与鲁西社会、环境、经济关系的考察[③]，较少从历史政治地理角度探讨政府应对灾害的方式，这给

---

① 相关论文有陈隆文：《水患与黄河流域古代城市的变迁研究——以河南汜水县城为研究对象》，《河南大学学报（社会科学版）》2009 年第 5 期；李嘎：《水患与山西荣河、河津二城的迁移——一项长时段视野下的过程研究》，载《历史地理》第 32 辑，第 29—47 页；段伟、李幸：《明清时期水患对苏北政区治所迁移的影响》，《国学学刊》2017 年第 3 期。

② 李德楠：《水环境变化与张秋镇行政建置的关系》，载《历史地理》第 28 辑，第 111—117 页；古帅：《水患、治水与城址变迁——以明代以来的鱼台县城为中心》，《地方文化研究》2017 年第 3 期。

③ 李庆华：《鲁西地区的灾荒、变乱与地方应对（1855—1937）》，齐鲁书社 2008 年版，第 21—193 页；王宝卿、宋丽萍、孙宁波：《明清以来自然灾害及其影响研究——以山东为例（1368—1949 年）》，《青岛农业大学学报（社会科学版）》2012 年第 4 期。

本书留下了讨论的空间。

鲁西在明清时期受黄河水患影响特别明显，与此相关的政区调整很多，其特点与同处黄淮平原的苏北有所不同。本章拟从州县治所迁移入手，探讨其特点和原因。

第一节 明清时期鲁西的政区沿革

本章所讨论的鲁西范围指宣统三年山东省西部的济南府、东昌府、武定府、泰安府、兖州府、曹州府、临清直隶州和济宁直隶州。此六府二直隶州在明清时期行政建制有颇多变化，简述如下。

明初的济南府是由元代的济南路发展而来。明代初年废路为府重新划分府界，废除直隶州、飞地，使其成为各府的一部分，明洪武十三年(1380)之后的济南府是经过明初调整之后的元末济南路、德州直隶州、泰安直隶州和般阳路、济宁路、河间路、曹州直隶州的各一部分组成。[①] 到明代中后期，济南府领州四：武定、泰安、德、滨；县二十六：历城、章丘、邹平、淄川、长山、新城、齐河、齐东、济阳、禹城、临邑、长清、陵、德平、平原、肥城、青城、新泰、莱芜、阳信、海丰、乐陵、商河、利津、沾化、蒲台。清代，顺治初沿明制。雍正二年，升武定、泰安、滨三州为直隶州，割阳信、海丰、乐陵三县属武定，割长清、新泰、莱芜三县属泰安，割利津、沾

① 周振鹤主编，郭红、靳润成著：《中国行政区划通史·明代卷》，复旦大学出版社2007年版，第48页。

化、蒲台三县属滨州。八年升东昌府属高唐州为直隶州，割禹城、临邑、陵、平原四县属之。十二年高唐复降为属州，所领四县及泰安府之长清，还属济南府；以府属之肥城县改属泰安州；又以青城、商河二县属武定府。宣统三年领德州及历城、章邱、邹平、平原、德平、陵县、长清、临邑、禹城、济阳、齐东、齐河、新城、长山、淄川一州十五县。

洪武元年东昌府领聊城、堂邑、莘、茌平、博平、丘六县。洪武元年到三年之间，临清、馆陶、冠县、清平四县及领恩县、夏津、武城三县的高唐州、领观城、朝城、范三县的濮州改属东昌府。弘治二年(1489)，临清县升州。弘治二年之后，东昌府领州三：临清、高唐、濮；县十五：聊城、堂邑、博平、茌平、清平、莘、冠、馆陶、恩、武城、夏津、丘、范、观城、朝城。[①] 顺治初年沿明制。雍正八年升濮州为直隶州，割范、观城、朝城三县属之；升高唐州为直隶州，以济南府属之禹城、临邑、陵、平原四县属之。十二年降高唐州为散州，仍归府属，所领四县还属济南府。十三年，升曹州直隶州为曹州府，降濮州直隶州为散州，与所属之范县、观城、朝城三县俱属曹州府。乾隆四十一年(1776)升临清为直隶州，割武城、夏津、邱三县属之。宣统三年东昌府领高唐州、聊城、堂邑、博平、茌平、清平、莘县、馆陶、冠县、恩县等一州九县。

武定府元为棣州，领厌次、阳信、商河、无棣四县，隶中书省济南路。吴元年(1367)改济南路为济南府。洪武二年乐陵县自济宁府改隶于棣州，洪武六年改棣州为乐安州，裁附郭厌次县入之，改无棣县为海丰县来属，宣德元年(1426)改名为武定州，到明末，

① 《明史》卷四十一《地理志二》，第945—946页。

领阳信、海丰、乐陵、商河四县，属济南府。[①] 顺治初沿明制。雍正二年升武定州为直隶州，领辖阳信、海丰、乐陵三县；十二年升为府，置惠民县为附郭，并降滨州直隶州为属州，并所领利津、沾化、蒲台及济南府属青城、商河二县来属。[②] 宣统末领滨州、惠民、青城、阳信、海丰、乐陵、商河、利津、沾化、蒲台等一州九县。

元末泰安州领奉符、长清、新泰、莱芜四县，直隶中书省，洪武元年改隶济南府，奉符县省入州，莱芜改属济南府，洪武二年长清改属济南府，莱芜改隶州，泰安州领新泰、莱芜二县。顺治初沿明制。雍正二年升为直隶州，割济南府长清县来属，领新泰、莱芜、长清三县；十二年割济南府肥城县来属，改长清还属济南；十三年升为府，置泰安县为附郭，并降东平直隶州为散州，并与其所领东阿、平阴二县来属。宣统三年泰安府领东平州及泰安、新泰、东阿、莱芜、肥城、平阴等一州六县。

明初济宁府前身为元代的济宁路，洪武初年又陆续划入曹州、东平路一部分和益都路东南部，经过一系列复杂的州县调整，逐渐形成明初的济宁府。到洪武十七年(1384)，济宁府已有十二直辖县、两州、九州辖县。[③] 洪武十八年(1385)鲁王就封兖州，移府治于兖州，并改府名为兖州府。由于兖州本为济宁府下辖四县的属州，州改府之后，这些县的隶属也要重新调整，从而引起了州县隶属的大变化。沂州及其属县从青州府来属。正统十年

---

① 《明史》卷四十一《地理志二》，第940页。

② 《世宗宪皇帝实录》卷一百四十四，雍正十二年六月癸亥条，《清实录》第8册，第804页。

③ 《明史》卷四十一《地理志二》，第943页。

(1445)后兖州府领州四：沂、曹、济宁、东平，县二十三。[1] 清代初年承袭明制，雍正二年，升曹、沂、济宁三州为直隶州，以曹、定陶二县属曹州；以郯城、费二县属沂州；以巨野、嘉祥二县属济宁州。八年，又升东平为直隶州，以东阿、平阴、阳谷、寿张四县属之，降济宁直隶州为散州，仍属兖州府，所属巨野、嘉祥二县改隶曹州直隶州。十三年，升泰安为府，又裁东平直隶州，以东平州及其所属东阿、平阴二县隶泰安府，以阳谷、寿张二县还属兖州府。又升曹州直隶州为府，割本府属之单、城武、郓城三县属之，而以嘉祥还属兖州府。乾隆四十一年，复升济宁州为直隶州，以汶上、鱼台、嘉祥三县往属。四十五年以金乡县往属济宁直隶州，以济宁直隶州之汶上县来属。到宣统三年，兖州府辖滋阳、曲阜、宁阳、邹县、泗水、滕县、峄县、汶上、阳谷、寿张十县。

明代初年曹州为济宁府属州，洪武十八年济宁府降为州，曹州随济宁州同属兖州府。[2] 清初沿明制。雍正二年，曹州升为直隶州，曹县、定陶二县往属。雍正七年(1729)，济宁直隶州降为散州，其所属之嘉祥、巨野二县改归曹州直隶州。雍正十三年(1735)升曹州直隶州为曹州府，并以州所在地置菏泽县，以为府治；降濮州直隶州为散州，该州暨所属范县、观城、朝城三县以及兖州府郓城、单县、城武三县改归曹州府。至宣统三年，曹州府辖濮州及菏泽、单县、巨野、郓城、城武、曹县、定陶、范县、观城、朝城十县。

---

① 周振鹤编，郭红、靳润成著：《中国行政区划通史·明代卷》，第48页。

② 康熙《曹州志》卷二《舆地》，载中国科学院图书馆选编：《稀见中国地方志汇刊》第9册，中国书店出版社2007年版，第747页。

元代属濮州的临清县洪武二年改属东昌府，弘治二年升为州，领丘县、馆陶县。顺治初沿明制。乾隆四十一年升为直隶州，以东昌府属之武城、夏津二县，并原属之邱县属之，馆陶还属东昌府。宣统末临清直隶州领武城、夏津、邱县三县。

明初济宁府在洪武十八年降为州[①]，领县三：嘉祥、巨野、郓城，属兖州府。清雍正二年升为直隶州，嘉祥、巨野、郓城三县往属。雍正八年复降为州，属兖州府，郓城往属兖州府，嘉祥、巨野二县改属曹州直隶州。乾隆四十一年再升为直隶州，领金乡、嘉祥、鱼台三县至清末。[②]

第二节　明清时期鲁西地区的黄河水患概况

明清时期黄河水患对鲁西地区的影响十分显著。根据《清代黄河流域洪涝档案史料》《清代淮河流域洪涝档案史料》和《清代海河滦河洪涝档案史料》对于1736—1911年清代洪涝州县所占年次的统计，鲁西地区州县洪涝年次情况为：济宁州80年次以上，鱼台县70年次以上，利津、历城两县60年次以上，临清、惠民、聊城、邹平、濮州、寿张、东平州、金乡、范县、沾化、德州、阳谷、齐河、济阳、章邱、东阿、滨州、海丰十八州县50年次以上，滕县、汶上、邹县、郓城、巨野、菏泽、单县、嘉祥、曹县、长清、禹城、临邑、齐东、蒲台、商河、阳信、恩县、长山十八州县40年次以上，朝城、

① 《明史》卷四十一《地理志二》，第943页。
② 《清史稿》卷六十一《地理志八》，第2059页。

青城、茌平、平阴、城武、滋阳、武城、莘县、峄县、馆陶、夏津、堂邑、肥城13县30年次以上，定陶、博平、德平、宁阳、观城五县20年次以上。[①] 在1736—1911年的175年间，鲁西地区六府二直隶州所辖71个州县中，有58个州县（包括直隶州亲辖地）洪涝年次在20以上，仅有13个州县洪涝年次在20以下。

导致明清时期鲁西地区水患频繁的最根本原因就是黄河。明人王辄指出："圣朝建都于西北，而转漕于东南，运道自南而达北，黄河自西而趋东，非假黄河之支流，则运道浅涩而难行。但冲决过甚，则运道反被淤塞，利运道者莫大于黄河，害运道者亦莫大于黄河。"[②]黄河下游本身因为中游的泥沙堆积而极易泛滥决口，运河改变了山东西部地区的水系格局，运道自南向北，黄河自西向东，两者在黄河下游地区相交。黄河为运河的畅通提供水，而黄河下游地区的决口对运河的冲决则威胁运河的安危。详情参考下列表2。

表2　明清时期黄河冲决山东运河重要灾况简表

次数	时间	漫溢地点	资料	资料出处
1	洪武二十四年（1391）	安山湖	四月，河水暴溢，决原武黑洋山……又由旧曹州、郓城两河口漫东平之安山，元会通河亦淤	《明史·河渠志》

① 水利电力部水管司科技司、水利水电科学研究院编：《清代黄河流域洪涝档案史料》，中华书局1993年版，第20页；水利电力部水管司、水利水电科学研究院编：《清代淮河流域洪涝档案史料》，第13页；水利水电科学研究院水利史研究室编：《清代海河滦河洪涝档案史料》，中华书局1981年版，第13页。

② [明]王辄：《处河患恤民穷以裨治道疏》，载陈子龙等辑：《皇明经世文编》卷184，《续修四库全书》第1657册，上海古籍出版社2002年版，第552页。

续 表

次数	时间	漫溢地点	资料	资料出处
2	正统三年（1438）	原武、邳州	河决原武，又决邳州，灌鱼台、金乡、嘉祥	《明史·河渠志》
3	正统十年（1445）	阳谷	十月，河决山东金龙口阳谷堤	《明史·五行志》
4	正统十二年（1447）	张秋、沙湾	七月，河决张秋、沙湾，入海	乾隆《曹州府志》卷五《河防》
5	正统十三年（1448）	沙湾	其秋，新乡八柳树口亦决，漫曹、濮，抵东昌，冲张秋，溃寿张沙湾，坏运道，东入海。徐、吕二洪遂浅涩	《明史·河渠志·黄河》
6	景泰三年（1452）	沙湾	六月，大雨浃旬，复决沙湾北岸，掣运河之水以东，近河地皆没	《明史·河渠志·黄河》
7	景泰四年（1453）	沙湾	五月，大雷雨，复决沙湾北岸，掣运河水入盐河，漕舟尽阻	《明史·河渠志·黄河》
8	弘治二年（1489）	张秋	五月，河决开封及金龙口，入张秋运河，又决埽头五所入沁	《明史·河渠志·黄河》
9	弘治五年（1492）	张秋	春三月，河复决黄陵冈，东经曹、濮，溃运道	康熙《曹州志》卷十九《灾祥》
10	弘治六年（1493）	张秋	决黄陵冈，溃张秋堤，夺汶水以入海，张秋上下渺弥际天，东昌、临清河流几绝	嘉靖《山东通志》卷三十八《遗文下》
11	弘治七年（1494）	张秋	黄河复决张秋沙湾	《明实录·孝宗敬皇帝实录》
12	嘉靖二年（1523）	昭阳湖	河决沛县，北入鸡鸣台口，漫昭阳湖，塞运道	道光《滕县志》卷三《漕渠志》

续　表

次数	时间	漫溢地点	资料	资料出处
13	嘉靖五年（1526）	昭阳湖	黄河上流骤溢，东北至沛县庙道口，截运河注鸡鸣台口入昭阳湖，汶泗南下之水从而东，而河之出飞云桥者漫而北，泥沙堵淤亘数十里	雍正《山东通志》卷十八《河防》
14	嘉靖六年（1527）	昭阳湖	河决徐州及曹、单、城武等县杨家口、梁靖口等处，冲入鸡鸣台，沛北皆为巨浸，东溢逾漕入昭阳湖，运道大阻	雍正《山东通志》卷十九《漕运》
15	嘉靖七年（1528）	鸡鸣台	河决曹、单、城武、杨家、梁靖二口、吴士举庄，冲入鸡鸣台，夺运道	乾隆《曹州府志》卷十《灾祥》
16	嘉靖九年（1530）	曹县	逾月，河决曹县。一自胡村寺东，东南至贾家坝入古黄河，由丁家道口至小浮桥入运河。一自胡村寺东北，分二支：一东南经虞城至砀山，合古黄河出徐州。一东北经单县长堤抵鱼台，漫为坡水，傍谷亭入运河	《明史・河渠志・黄河》
17	嘉靖二十六年（1547）	曹县	河决曹县，冲谷亭，运道淤	道光《济宁直隶州志》卷一之二《五行志》
18	嘉靖三十二年（1553）	济宁	河溢运道，淤，大饥，人相食	道光《济宁直隶州志》卷一之二《五行志》
19	嘉靖三十六年（1557）	金乡	河决原武县庙王口……决开北大堤，由城武、金乡钓鱼嘴入运	万历《兖州府志》卷二十一《黄河》

续 表

次数	时间	漫溢地点	资料	资料出处
20	嘉靖三十八年(1559)	曹县	河决曹县旧老堤、南长堤,直抵漕运	雍正《山东通志》卷十八《河防》
21	嘉靖四十三年(1564)	鱼台、滕县	河决飞云桥,鱼、滕漂没,运河北徙	乾隆《兖州府志》卷三十《灾祥志》
22	嘉靖四十四年(1565)	江苏沛县	秋七月河决而东注,自华山出飞云桥截沛以入昭阳湖,于是沛之北水逆流,历湖陵、孟阳至谷亭四十里,其南溢于徐,渺然成巨浸,运道阻焉	万历《兖州府志》卷二十《漕河》
23	嘉靖四十五年(1566)	南阳湖	金乡、鱼台、巨野、嘉祥、济宁、郓城以黄洪注运及湖,被水灾	《明实录·世宗肃皇帝实录》
24	万历三十年(1602)	昭阳湖	单县苏家庄遂大溃决,东北流入沛县,城中水深丈余,鱼台一县悉为波湖,南阳以北漕渠为黄水所侵	光绪《曹县志》卷七《河防志》
25	万历三十一年(1603)	昭阳湖	七月,河大决单县苏家庄及曹县缕堤,又决沛县,横冲运道,全河北注者三年	《明史·河渠志》
26	万历三十二年(1604)	昭阳湖	是秋,河决丰县,由昭阳湖穿李家港口出镇口上灌南阳,单县复溃,济宁、鱼台平地成湖	道光《济宁直隶州志》卷一之二《五行志》
27	崇祯四年(1631)	张秋	夏,河决原武湖村铺,又决封丘荆隆口,败曹县塔儿湾太行堤,趋张秋	《明史·河渠志》
28	顺治元年(1644)	南阳	秋决北岸小宋口,曹家寨堤溃,河水漫曹、单、金乡、鱼台,由南阳入运	《清史稿》卷二七九《杨方兴传》

续 表

次数	时间	漫溢地点	资料	资料出处
29	顺治二年(1645)	南阳、塔儿湾	夏决考城之流通集,一趋曹、单,及南阳入运;一趋塔儿湾、魏家湾,浸淤运道	《清史稿·河渠一》
30	顺治三年(1646)	蜀山湖	黄河决考城刘通口,由汶上决入蜀山湖	《清史稿·河渠一》
31	顺治七年(1650)	张秋	河决荆隆口,溃张秋堤,入大清河,漂溺东、兖、济三府属沿河州县	雍正《山东通志》卷三十三《五行志》
32	顺治九年(1652)	沙湾	河决封丘县大王庙口,沙湾复溃,冲断运道	雍正《山东通志》卷十八《河防》
33	康熙六十年(1721)	张秋	河水泛滥,自直隶开州入山东张秋镇等处,由盐河入海,以致运河堤决,漕船阻滞	《清实录·圣祖实录》
34	康熙六十一年(1722)	张秋	七月,河决钉船帮口,直趋张秋,溃东岸之曹家、单、薄,下大清河入海	雍正《山东通志》卷十九《漕运》
35	乾隆七年(1742)	沛县	黄河水长,由江南之铜山、沛县,溢入东省湖河,以致峄县、鱼台均被水淹	《清实录·高宗实录》
36	乾隆十六年(1751)	阳武、张秋	河决阳武十三堡大堤田,封邱、长垣、菏泽、濮州、范县,以趋张秋,穿运道入大清河归海	光绪《郓城县志》卷九《灾祥志》
37	乾隆二十六年(1761)	城武、临清	城武县猝被黄水,以致济宁、菏泽、定陶、巨野、金乡等县,皆被淹浸;范、濮二州县被黄水淹浸,临清州因漳卫合汶,河流异涨;德州运河漫溢	《清实录·高宗实录》
38	乾隆三十三年(1768)		黄水入运	《清史稿·河渠志·运河》

续　表

次数	时间	漫溢地点	资料	资料出处
39	乾隆四十六年(1781)	张秋	七月,封仪漫溢,黄水分溜北注,或由东省之北赵王河至张秋入运,从大清河归海;或汇入卫河,直达天津之处,均于运河攸关	《清实录·高宗实录》
40	嘉庆元年(1796)	济宁、鱼台、昭阳湖、微山湖	河决丰汛,刷开南运河佘家庄堤,由丰、沛北注金乡、鱼台,漾入微山、昭阳各湖,穿入运河,漫溢两岸	《清史稿·河渠志·运河》
41	嘉庆八年(1803)	张秋	河决衡家楼大堤,蛰塌掣动,大溜由菏泽、濮州入运,水势汹涌,五空桥滚水坝全行开启,由小盐河入大清河归海	道光《东阿县志》卷三《山水志》
42	嘉庆二十四年(1819)	张秋	河决武陟马营坝,横贯运河,由张秋五空桥滚水坝入大清河归海	道光《东阿县志》卷三《山水志》
43	道光元年(1821)	戴村坝	山东河湖山水并发,戴村坝迤北堤埝漫决六十余丈,草工刷三十余丈,四女寺支河南岸汶水旁泄处三	《清史稿·河渠志·运河》
44	咸丰元年(1851)	江苏丰县	甘泉闸河撑堤溃塌三十余丈,河决丰县,山东被淹,运河漫水,漕艘改由湖陂行	《清史稿·河渠志·运河》
45	咸丰五年(1855)	张秋	本年豫省兰阳汛黄水漫溢,直注东省,穿过运河,漫入大清河归海。菏泽、濮州以下,寿张、东阿以上,尽被淹没。他如东平等十数州县,亦均被波及。遍野哀鸿,实堪悯恻	《清实录·文宗实录》

续　表

次数	时间	漫溢地点	资料	资料出处
46	同治七年（1868）	安山湖	黄水冲决赵王河之红川口，大溜渐移至安山，沈家口一带逮行淤浅，其患已近分水口，以北至上年八月黄水复决沮河之侯家林，漫水下注	丁宝桢《丁文诚公奏稿》卷九《黄河穿运请复淮徐故道折》
47	同治八年（1869）	河南兰阳	河决兰阳，漫水下注，运河堤埝残缺更甚	《清史稿·河渠志·运河》
48	同治十年（1871）	侯家林	侯家林河决，直注南阳、昭阳等湖，郓城几为泽国	《清史稿·河渠志·运河》
49	同治十二年（1873）	东明	是年秋，直隶东明石庄户决口，黄河南趋，东阿境内不受水害者二三，年至光绪元年三月，菏泽贾庄大工合龙，石庄户口门断流，河溜仍归旧道，下注张秋，阿邑民田庐舍受灾如故矣	民国《续修东阿县志》卷二《河防》
50	光绪六年（1880）	寿张	河决孙家码头，正溜趋十里堡，张秋运河、南坝头、外八里庙、沙湾一带淤为平地，漕船无路入运	民国《续修东阿县志》卷二《河防》
51	光绪十一年（1885）	寿张	六月二十八日已抵寿张县境……该县黄水向分两道，连年西道壅塞不通，是以漕运改归陶城埠新运河入口，此次盛涨，复将旧河冲开，由孙家码头迤东直灌旧运河，分为两股，小股漫入寿张、阳谷境内，大股穿陶城埠新运河顺大堤趋东阿、平阴、肥城直抵长清之赵王河	朱寿朋《东华续录》卷七十一

续 表

次数	时间	漫溢地点	资料	资料出处
52	光绪十三年(1887)	张秋	直隶开州大小辛庄民堰漫决,水灌濮、范、阳谷境,至张秋穿运而过,漫及东阿、平阴	《清实录·德宗实录》
53	光绪十四年(1888)	张秋	秋,张秋堤开,禾被水	光绪《阳谷县志》卷九《灾异》
54	光绪二十一年(1895)	寿张	又决寿张南高家大庙,齐东赵家大堤	《清史稿·河渠一》
55	光绪二十四年(1898)	东阿	六月,曹州府郓城境内南岸八孔桥民埝决口,水向东南流数十里,复决杨庄大堤,水淹梁山南北,东淤运河,过东阿,仍归正河	周馥《治水述要》卷十

通过上表,我们可以发现明清时期鲁西地区黄河水患大致有以下特点。

第一,鲁西地区黄河冲决运河的情况十分严重。我们初步统计,明清时期黄河共冲决运河 55 次,其中明代冲决 27 次,清代冲决 28 次。明代中后期是冲决较为严重的时期,嘉靖以后占 16 次。张秋、谷亭、南四湖等地是主要的冲决地点,漫溢区域多集中在济宁州、曹州等区域。

第二,黄河决溢是鲁西水患的最重要来源,其河道的变迁对相关流域影响很大。南宋建炎二年至清咸丰五年黄河夺淮入海,流经山东曹、单一带,且多次决口。咸丰五年黄河决铜瓦厢,改道东北行,经由山东夺大清河流入渤海,黄河下游几乎全走山东省,原本由安徽、河南、江苏、山东共同承担的黄河下游水患变成了由山东独自承担。再加上堤防未固,连年溃决,下游地区深受其害。

"上游之河北、河南两省境内之黄河堤岸，土质不良，而治河者，又依据行政区划，每存畛域之见，未能通盘筹画，全部治理。以致冀、豫河决，鲁西即蒙水患，即所谓'河在河北，而患在山东'。"[①]当时水患来源多样，大致可分六种：一是黄河决溢，如"河溢""河决"；二是长时间的降雨，如"大水""雨连绵""大风雨""霖雨"；三是运河、沭河、沂河决溢，如"运决""沭河溢""沂溢"；四是湖泊的决溢，如"湖溢""湖决"；五是过水影响，上游水患导致下游被灾，如乾隆"四十六年夏，大雨，秋，河决开封之考城，水淹（济宁）州南乡。自南乡以至峄县文台庄，西至曹单，合为巨浸，金乡、鱼台二邑壤地漫没过半，水周金乡城数尺"[②]；六是在多种因素作用下的水患。以鱼台县为例，笔者统计明清两代共发生水灾 60 次，其中，有明确记载直接是由黄河决口引起的水灾有 17 次，由长时间降雨引起的有 14 次，由黄河之外的其他河流湖泊决溢引起的水灾有 6 次，这些河流湖泊的决溢又大多是由黄河决口或者淫雨导致排水不及造成的。

第三，张秋镇附近是黄运决口最频繁的区域。在我们统计的黄河冲决运河的 55 个灾次中，张秋镇及其附近的沙湾、安山湖等地区有 26 次，几乎占决口次数的一半。张秋镇的地理位置十分特殊，会通河过张秋镇及沙湾之东，黄河泛道过张秋镇及沙湾之东南部穿会通河，还有广济渠、灉水等河流在张秋镇附近与运河相交，这些因素使得张秋镇极易受水患的冲击。

第四，鲁西地区各州县受水患影响差异很大。黄河、运河及

① 黄泽苍：《山东》，中华书局 1935 年版，第 9 页。

② 道光《济宁直隶州志》卷一之二《五行志》，《中国地方志集成・山东府县志辑》第 76 册，凤凰出版社 2008 年版，第 40 页。

湖泊附近地区水患频率和受灾程度高于其他地区。例如兖州府的东部峄县、宁阳、滋阳、曲阜等县离黄河、运河、湖泊区域较远，受水患影响最小，而济宁直隶州、曹州府和兖州府东部、北部的寿张、阳谷、汶上等县，临近黄河、运河及湖泊区，受水灾的影响较大。1855 年黄河决口改道之后，由于河道未稳，黄河漫流，原本很少受到黄河水灾影响的济南府、武定府开始频频受灾，决口地点也进一步扩大到了济南府、武定府的沿河州县。光绪八年(1882)九月二十一日京畿道监察御史孙纪云等奏："山东水患年甚一年，今岁自夏徂秋，水势更大，以致泺口上游屈律店等处连开四口，济南、武定两府如历城、章丘、济阳、齐东、临邑、乐陵、惠民、阳信、商河、滨州、海丰、蒲台等州县多陷巨浸之中，人口死者不可胜计。"[①]光绪二十四年(1898)七月十三日山东巡抚张汝梅奏："山东处黄河下游，河身湾曲，淤垫日高，故近年以来，几于无岁无工，即无岁无赈。然水势之大，灾情之重，从未有如今岁伏汛之甚者。溯自历城南岸杨史道口等处民埝漫溢后，各属报灾者，纷至沓来，就目前而论，已有历城、章丘、邹平、长山、新城、齐东、济阳、禹城、长清、东平、东阿、平阴、肥城、惠民、滨州、利津、沾化、青城、商河、阳谷、寿张、汶上、濮州、范县、郓城、茌平、博兴、高苑、乐安二十九州县。臣核其所报情状，或一州一邑之内城乡村镇尽被水淹，或一村一镇之中庐舍资粮全归漂没，或灾黎未及逃避人口难免损伤，或虽已逃至高处饥困苦难生活。所最惨者，黄流陡至，或避于屋顶，或避于树巅，围困水中，欲逃不得，欲食不得，其望救之状与呼救之

① 水利电力部水管司科技司、水利水电科学研究院编：《清代黄河流域洪涝档案史料》，第 715 页。

声,真令人目不忍睹,耳不忍闻。"[①]这样的水患并不罕见。

第三节 黄河水患影响下的州县治所迁移

在黄河水患的不断冲击下,鲁西地区的州县受灾严重,很多城池被冲毁,导致一些州县治所发生迁移。明清时期因黄河水患发生治所迁移的先后有曹州、寿张、东阿、定陶、巨野、范县、濮州、单县、鱼台、齐东十个州县。

(一)曹州

元代曹州治在济阴县,直隶中书省。明代曹州的沿革颇为曲折。洪武元年省济阴县入州;二年州治移至盘石镇;四年,降曹州为县,属济宁府。正统十年十二月,又在曹故城旧乘氏地复置曹州,曹县随属曹州。[②] 曹州在金代就曾因水患而徙城,金世宗"大定八年城为河所没,迁州治于古乘氏县"[③],"大定末河冲决,徙城于北七十里乘氏地"[④]。曹州在明代有两次因水患而迁治,皆在明初。第一次是洪武元年:"河决溢乘氏,州治遂迁于西南安陵镇,去乘氏五十里。"第二次则发生于次年:"(洪武)二年河决没安

---

① 水利电力部水管司科技司、水利水电科学研究院编:《清代黄河流域洪涝档案史料》,第856—857页。

② 光绪《曹县志》卷一《疆域志》,《中国地方志集成·山东府县志辑》第84册,凤凰出版社2008年版,第135页。

③《金史》卷二十五《地理志中·山东西路》,中华书局1975年版,第617页。

④ 光绪《曹县志》卷一《疆域志》,第37页。

陵，州治复徙于东南盘石镇，去安陵七十里。”[①]曹州古治在曹州北部，灉河之南，左山之西，金代迁治的乘氏地位于曹州之中偏南，距河流较古治远。洪武元年由于河决而将州治由乘氏地迁往州西南部的安陵镇，但安陵镇距河流较近，因此洪武二年曹州再次因为河决将州治由安陵镇迁移到了东南部的盘石镇。盘石镇位于曹南山之旁，距河流较远，无论是从地势还是从位置来讲都比较适合曹州(后为曹县)城的发展建设和百姓的繁衍。曹州州治的迁移经历了自州中偏北移向州中偏南，自州中偏南移向州西南，自州西南移向州东南的过程。可以说，曹州适宜作治所的地区已经尽被尝试。

(二) 寿张县

寿张县受河患影响严重，在金代就曾因水患迁治。“(金)大定七年，河决坏城，迁于竹口镇，十九年，仍复旧治。”[②]明代寿张县在洪武元年又因水患迁治。“(元)至正三年，黄河水溢，人民散处。明洪武元年移置县南十五里梁山之东，隶东平府。三年省入须城、阳谷。十四年复置于王陵店，即今寿张县治，属东平州，隶济南府。十八年又随州改隶兖州府。”[③]可知寿张县治经过了多次迁移，在金代由于河决城坏迁治于竹口镇，十二年后迁回原治；元代河决为患，明洪武元年迁治于县南五十里的梁山之东。到洪武三年时，裁撤寿张县，并入须城、阳谷二县。洪武十四年，在王

---

① 康熙《曹州志》卷十九《灾祥志》，中国科学院图书馆选编：《稀见中国地方志汇刊》第9册，第1016页。

② 康熙《寿张县志》卷一《方舆志·沿革》，康熙五十六年刻本，第2页。

③ 康熙《寿张县志》卷一《方舆志·沿革》，康熙五十六年刻本，第2页。

陵店修筑土城，重新设置寿张县。[①] 洪武元年迁治后的县治位于梁山东侧，在县境东南角，远离县中心，对城镇发展并不利，因此不久即裁撤寿张县。到洪武十四年重设之时，将县治设在王陵店，距黄河泛道及运河、湖泊等较远，地形也较为开阔，适合寿张县城的发展。

（三）东阿县

东阿县境内有运河经过，西南有作为运河水柜作用的安山湖，北有大清河，南有大汶河，是运河交通要地，受水患影响很大。宋代就曾多次因水患迁治：开宝二年（969）迁治南谷镇（今东平县旧县乡）；太平兴国二年（977）迁治利仁镇（今平阴县玫瑰镇大吉庄）；绍圣二年（1095）迁治新桥镇（今鱼山镇旧城）。[②] 到明洪武八年（1375），“知县朱真避黄河之害，迁于谷城，筑土城”，在旧治新桥镇南八里。[③]《读史方舆纪要》指出：“汉五年张良劝汉王自睢阳以北至谷城与彭越。寻置谷城县，属东郡。后汉因之。晋属济北郡，刘宋因之。后魏属东济北郡，后齐废。唐武德四年复置谷城县，属济州。六年废……郡志：东阿、谷城本二邑，并谷城

---

① 《明史》卷四十一《地理志二·山东》：“洪武三年省入须城、阳谷二县。十三年十一月复置……今治，本王陵店，洪武十三年徙置。”（中华书局1974年版，第944页）［清］叶圭绶：《续山东考古录》卷十九《兖州府沿革下》寿张县条：“《明志》寿张下洪武十三年复置，又云洪武十二年徙王陵店，盖十二年筑城，十三年复县也。”（咸丰元年刻本，第19—20页）《明史·地理志》原文为“十三年”徙置，非“十二年”，叶氏误。《大明一统志》卷二十三《兖州府》寿张县条：“洪武三年省入须城、阳谷二县，十四年复置，属东平州。”（三秦出版社1990年版，第367页）与康熙《寿张县志》说同，故从十四年说。

② 康熙《东阿县志》卷八《纪事志·政纪》，康熙五十六年刻本，第9页。

③ 康熙《东阿县志》卷二《建置志·城池》，康熙五十六年刻本，第1页。

于东阿自北齐始，移东阿治谷城自明初始。”[1]在经过多次治所迁移之后，东阿县又利用八百多年前合并的谷城旧治作为治所。

（四）定陶县

定陶县在明代曾受水患影响迁治一次。据载，“定陶县城旧城在宝乘塔西北，元末河决湮于水，明洪武四年徙今治，土城。成化元年知县沈绍祖所建”[2]，指出其在洪武四年迁移县治，成化元年（1465）建城。以上介绍失之太简，实际上洪武元年定陶县省入曹州，洪武四年改州为县，复置定陶县，不再选择原先被水淹没的旧治。[3] 当时虽然黄河主流入淮，但仍经常循大河故道北流，一旦在河南省的金龙口决口，河南境内的封丘、长垣“首被其害”，定陶与曹州也会“余波及焉”。“洪武十二年决金龙口，至二十二年方塞，弘治二年又决金龙口，役夫二十五万塞之，五年复决金龙口，次年役夫十二万塞之，此本县新城之所由立也”[4]，金龙口多次河决对定陶县修筑城墙是有一定影响的。成化元年“会有边警，朝廷命天下有司皆筑城，知县沈绍祖因筑土城于此地”[5]，城高三丈五尺，址厚三丈，顶厚一丈八尺[6]，从成化元年二月始讫五年十月完工[7]。城池的修建也提高了水患防范能力，县城受水患

---

① [清]顾祖禹：《读史方舆纪要》卷三十三《山东四・兖州府下》，中华书局 2005 年版，第 1562 页。

② 雍正《山东通志》卷四《城池》，乾隆元年刻本，第 31 页。

③ 康熙《山东通志》卷二《建置沿革上》定陶县条，康熙四十一年增修本，第 39 页。

④ 顺治《定陶县志》卷首《条议・御患》，顺治十二年刻本，第 14 页。

⑤ 乾隆《定陶县志》卷一《建置・城池》，乾隆十八年刻本，第 1 页。

⑥ 顺治《定陶县志》卷首《城图》，顺治十二年刻本，第 3 页。

⑦ [明]李秉：《创修县城记》，顺治《定陶县志》卷八《艺文志》，顺治十二年刻本，第 14 页。

影响很小了。

(五) 巨野县

巨野县在明代受水患影响迁移县署一次。嘉靖《山东通志》记载:"巨野县距州西北一百里,旧在城正北。洪武初重修,后因河决徙治东。正统四年重建。"①指出了迁治原因是河决,但没有指出迁治时间。《巨野县志》记载较为详细:"(洪武)七年河溢巨野,水深四丈余,漂没田庐无算。……九年县丞吕让重建县署,始迁兹地。……英宗正统四年重修县署于治东。"②"吕让,河南永宁人,由监生任巨野丞。洪武九年升本县知县,适河水为患,田皆荒芜,让招抚逃民,劝之耕种,鼎新县治,规创为多。"③可知洪武七年(1374)巨野县水灾,洪武九年(1376)县署自城北迁于城东,并于正统四年(1439)重修。

(六) 范县

范县在洪武时期也因水患迁治一次,具体发生在哪一年,文献记载不一。嘉靖《范县志》就有不同记载。《灾祥》载:"洪武四年河决杨静口,县治遂坏,不堪民居,知县张允徙今治。"④《城池》却载:"故城……去今治东南二十里。大明洪武庚申河决城坏,知

---

① 嘉靖《山东通志》卷十五《公署》,《天一阁藏明代方志选刊续编》第51册,上海书店出版社1990年版,第911页。

② 道光《巨野县志》卷二《编年志》,《中国地方志集成·山东府县志辑》第83册,凤凰出版社2008年版,第68—69页。

③ 万历《巨野县志》卷六《宦迹志》,崇祯十年增刻本,第6页。

④ 嘉靖《范县志》卷五《灾祥》,《天一阁藏明代方志选刊续编》第61册,上海书店出版社1990年版,第905页。

县事张允徙今治，兹乃后唐庄宗新军栅地。”[①]嘉靖《山东通志》载：“洪武庚申知县张允徙筑于此。”[②]成化六年（1470）范县教谕刘某所撰《重修范县城记》载：“范县城旧在县东南二十余里。洪武庚申岁因洪水之□迁于此，逮今八十余年。”[③]成化十四年二月范县教谕孙子贤《重修宣圣庙记》载：“国朝洪庚午，黄河水决，弥漫无涯，邑治、庙学一泻而瓦砾无存。壬申之岁，知县张君允教谕钱亨迁徙于此。”[④]洪武庚申年是十三年，庚午年是二十三年，壬申年是二十五年。嘉靖《范县志》载：“张允，洪武十二年为范令，至明年，河决城坏，允乃量度地宜，徙今治，诸司学校皆允所创。”[⑤]根据张允的任期，则洪武十三年大水较为可信，之后知县张允迁徙县治。相关史料也多认为是洪武十三年河决，县治圮于水，张允迁徙至后唐庄宗新军栅地。

（七）濮州

濮州在明代曾因水患迁治一次。嘉靖《濮州志》载：“正统十三年河决至濮州，城中水深丈余，官宇民舍皆浸坏。”[⑥]“旧州城在今州之东，其制号为雄壮。正统中河水冲啮就圮，景泰二年知州事毛晟改筑于王村。”[⑦]但同书另记载：“濮州治在今城之中，景泰

---

① 嘉靖《范县志》卷一《建置沿革・城池》，《天一阁藏明代方志选刊续编》第61册，第755、756页。
② 嘉靖《山东通志》卷十二《城池》，《天一阁藏明代方志选刊续编》第61册，第778页。
③ 嘉靖《范县志》卷七《文》，《天一阁藏明代方志选刊续编》第61册，第948页。
④ 嘉靖《范县志》卷七《文》，《天一阁藏明代方志选刊续编》第61册，第953页。
⑤ 嘉靖《范县志》卷三《宦迹》，《天一阁藏明代方志选刊续编》第61册，第803页。
⑥ 嘉靖《濮州志》卷八《灾异志》，《天一阁藏明代方志选刊续编》第61册，第596页。
⑦ 嘉靖《濮州志》卷一《城池志》，《天一阁藏明代方志选刊续编》第61册，第301页。

十三年知州事毛晟之所建也。”[1]而毛晟是“景泰辛未由国子生知濮州……先是河决城圮，晟请抚臣奏于朝徙于州之王村集”[2]。景泰辛未年即景泰二年(1451)。毛晟在景泰二年才任知州，迁治需要一定时间，景泰共有七年，没有十三年，“十三”可能是“三”之误。嘉靖《山东通志》也载：“景泰三年以河患徙治王村，即今治。”[3]“国朝景泰二年知州毛晟徙筑于此。”[4]据明人许彬《濮州创建公署记》载：“辛未知州毛公来莅……建州治于城之西北隅……是役也，经始于景泰二年之冬，落成于天顺三年之夏。”[5]吕原《濮州新建庙学记》载：“历相原隰，稽于卜筮，得地于城西二十里之王村，乃购村，陶甓鸠工，庀佣以营，充作州治，为莅政之所……始事景泰癸酉之六月，讫工天顺癸丑之二月。”[6]景泰癸酉是景泰四年(1453)，天顺并无癸丑年。综合来看，许彬的记载是比较可靠的，即受正统十三年(1448)水患影响，景泰二年冬开始营建新治，天顺三年(1459)夏完成建设。

(八) 单县

明洪武元年，省单父县入单州，二年改单州为单县。[7] 单县在

---

① 嘉靖《濮州志》卷一《官宇志》，《天一阁藏明代方志选刊续编》第61册，第310页。

② 嘉靖《濮州志》卷七《历宦志》，《天一阁藏明代方志选刊续编》第61册，第516—517页。

③ 嘉靖《山东通志》卷三《建制沿革下》，《天一阁藏明代方志选刊续编》第51册，第215页。

④ 嘉靖《山东通志》卷十二《城池》，《天一阁藏明代方志选刊续编》第51册，第777页。

⑤ 嘉靖《濮州志》卷九《文类》，《天一阁藏明代方志选刊续编》第61册，第633—635页。

⑥ 嘉靖《濮州志》卷九《文类》，《天一阁藏明代方志选刊续编》第61册，第659—660页。

⑦ 康熙《单县志》卷一《方舆志・建置》，康熙五十七年刻本，第3页。

明清时期迁治一次。正德十四年(1519)巡按山东御史朱裳曾上疏改迁单县[①],但是并没有立刻施行,到嘉靖二年(1523)河决之后,才正式迁治于城北之原。康熙《单县志》载:"嘉靖二年黄河横溢,漂没郛郭,五年迁县城于北,而故城遂废。"[②]"单县旧城在今城南一里有奇……明弘治十年知县常经修,后屡圮于水。嘉靖二年湮没殆尽,五年巡抚中丞王公尧封、方伯郭公绍、廉访潘公埙、观察王公言、刘公淑相、太守喻公智,同相地于城北之原,命参议侯公位、知县钞秀旹董其役,而迁筑于此。"[③]大学士杨一清《迁城记》指出,单县三面带河,因此多次遭受严重霖雨或河决等水患,元至正时期河决,明洪武年间河大决,正德间多次河决,嘉靖二年霖雨大注,破坏很大,以至于都察院御史王尧封发出了"单父之民,其为鱼乎"的感叹[④],遂于嘉靖四年(1525)在县城的北面一里多的位置筑新城。新城经过九个月修筑竣工,此次迁治成果显著,"五年七月城成,黄河水乃西徙,所决堤口自壅塞,城益无水患"[⑤],河患对单县县治的影响减弱。

(九) 鱼台县

鱼台县位于鲁西南地区,"东接邹、滕,扼冲津于漕运,西联曹、单,防险泛于河渠。鱼于鲁属夙号名区,为漕运咽喉"[⑥]。在

---

① 《明武宗实录》卷一百七十四,正德十四年五月甲辰条,第3366页。
② 康熙《单县志》卷一《方舆志・古迹》,康熙五十七年刻本,第19页。
③ 康熙《单县志》卷二《经制志・城池》,康熙五十七年刻本,第2页。
④ 嘉靖《山东通志》卷十二《城池》,《天一阁藏明代方志选刊续编》第51册,第758—760页。
⑤ 嘉靖《山东通志》卷二《建置志上》,《天一阁藏明代方志选刊续编》第51册,第176页。
⑥ 道光《济宁直隶州志》卷二之三《方舆志》,《中国地方志集成・山东府县志辑》第76册,第68页。

明清之前,鱼台县有过县治迁移的情况发生,唐代、元代都曾经迁治,“鱼台城旧治方与城,唐元和四年迁今治。土城半圮于水,元泰定间县尹孙荣祖划筑西北一隅”[①]。在水患影响下,明代鱼台县曾有两次迁治建议,但未施行,直到清代鱼台县才有一次迁治。第一次迁治建议提出于嘉靖九年。在鱼台县东北的凤凰山麓有新城[②],“明嘉靖九年河决没城,议迁县治于此,水退,民重故土,不果徙”[③]。当时鱼台县人武翰认为:“本县遗址数里,先因河决已移高阜一隅。成化暨弘治正德间数遭大患,而城无虞,今洪水自城东西已分,乃奏议迁徙。且本县历年既久,庐舍经营,孰无故土之思?兼之十室九空,乌能折运旧产以就新创。况本县与曹钜水口相距一百五十余里,泛滥来此,不过四漫,必不甚为城患。而老城环绕,屹然可蔽,修其一二残缺,尚可撑持。”[④]指出洪水对鱼台的影响已经减小;百姓有故土之思,且受灾严重,没有能力建设新城;鱼台县据水口较远,洪水对城池的影响不足以构成大患;老城尚且能支撑,没有必要舍弃;不迁城,鱼台县只是受黄河之灾,如果迁城,鱼台县必将元气大伤。因此鱼台县中止了此次迁治。另外,凤凰山麓位于鱼台县东北部,虽然地势较高,但是独山湖和昭阳湖将其与鱼台县的西部隔开,几乎形成两个独立的地理空间,且鱼台县东北部面积不大,受湖水的阻隔和丘陵地形的限制,

---

① 雍正《山东通志》卷四《城池志》,乾隆元年刻本,第 7 页。
② 山东省鱼台县史志办公室校注:康熙《鱼台县志》卷七《建置》,中州古籍出版社 1991 年版,第 135 页。
③ 光绪《鱼台县志》卷一《建置志》,《中国地方志集成・山东府县志辑》第 79 册,凤凰出版社 2008 年版,第 57 页。
④ 光绪《鱼台县志》卷一《建置志》,《中国地方志集成・山东府县志辑》第 79 册,第 44 页。

无法进行大范围的扩展,也并不适合作为县治。第二次迁治建议出现在万历三十二年,“河决南旺,由丰沛入境,为城郭患”[①],“水复没城,又议迁治,终不果”[②],黄河再次决口,淹没鱼台县城。迁治一事再次被讨论,又以与嘉靖时期迁治讨论相同的理由否决。解决此次河决没城的措施是“巡抚黄克缵督令增修重堤以保障之”[③]。直至清乾隆时期,鱼台县才最终迁治。

清代前期水患仍多次冲击鱼台县。乾隆二十一年(1756)七月,“河决徐州之孙家集,溃鱼台堤,坏城郭”[④]。大灾情面前,山东巡抚杨锡绂向朝廷建议迁鱼台县城。“东省之鱼台县土城,今秋被水淹浸,地势低洼,现在城内尚有停水。该县逼近微山湖,将来夏秋稍有漫涨,即难保其不再被淹,请于高阜处所另建土城,以资保障等语。鱼台屡被水患,迁城高阜,系因时权宜之计。且兴建城工,亦可以工代赈,于灾黎自属有益。”[⑤]得到朝廷同意。鱼台县治新址董家店地形条件优越,位于县西南部,距湖泊区远,少受湖水侵害,且“地形四围突起,为县境最高之处,独基地稍洼,堪舆家所谓突中窝者是也”[⑥],能够在一定程度上抵御水患。“乾隆二十一年河决城坏,迁治于县境之西南董家店,买民地七十九亩

---

① 雍正《山东通志》卷四《城池志》,乾隆元年刻本,第7页。
② 道光《济宁直隶州志》卷二之二《方舆志》,《中国地方志集成·山东府县志辑》第76册,第64页。
③ 雍正《山东通志》卷四《城池志》,乾隆元年刻本,第7页。
④ 道光《济宁直隶州志》卷一之二《五行志》,《中国地方志集成·山东府县志辑》第76册,第39页。
⑤ 中国第一历史档案馆编:《乾隆朝上谕档》第2册,乾隆二十一年十二月十八日,档案出版社1991年版,第905页。
⑥ 道光《济宁直隶州志》卷四之一《建置志》,《中国地方志集成·山东府县志辑》第76册,第178页。

四分。二十二年知县冯振鸿始建城”,“二十二年三月至二十三年六月告竣,规模视旧城稍隘,而地处高原,砖垒完固,纵有水患可资捍卫矣”[①]。鱼台县县治迁移后,水患对县城的影响明显降低。在乾隆二十一年之前的记载中,多数水灾记载为“河决巨浸”或者“平地成湖”之类的较为严重的描述,在此之后的水患记载多数为“水”等程度较轻的词语。咸丰二年(1852)教谕邢钰《陶公堤碑记》记述:“鱼邑自旧城迁徙于兹,迄今九十余载,虽屡经黄水而地势微高,从未浸堤。”[②]鱼台县迁治的目的初步达到。

(十) 齐东县

在咸丰五年黄河改道之前,齐东县受水患较少。1855 年改道大清河之后,黄河经齐东县西北,而“县治旧城近赵岩口,在大清河南岸,处县境之极北”[③],因此“水运便利,成为山东运盐主航道”[④]。在带来商业繁荣的同时,齐东县又遭遇“地临黄河南岸,岁患漂没”[⑤]。到光绪十八年(1892),“黄河决县城,漂没仅存东南一隅”[⑥],“黄水灌城,衙署为墟,经知县王儒章具呈省署,有迁城之请。十九年冬,知县康鸿逵奉准迁城于九扈镇,城垣就该镇

① 光绪《鱼台县志》卷一《建置志》,《中国地方志集成·山东府县志辑》第 79 册,第44 页。
② 民国《济宁直隶州续志》卷五《建置志》,《中国地方志集成·山东府县志辑》第 77 册,凤凰出版社 2008 年版,第 314 页。
③ 民国《齐东县志》卷一《地理志》,《中国地方志集成·山东府县志辑》第 30 册,凤凰出版社 2008 年版,第 334 页。
④ 曲延庆:《邹平通史》,中华书局 1999 年版,第 149 页。
⑤ 民国《齐东县志》卷二《地理志下·城池》,《中国地方志集成·山东府县志辑》第 30 册,第 348 页。
⑥ 民国《齐东县志》卷二《地理志上·灾祥》,《中国地方志集成·山东府县志辑》第 30 册,第 343 页。

原有圩墙"[①]。九扈镇"地处高原,未经黄水"[②],"处县境之极东南"[③]。《清实录》载光绪二十年:"山东巡抚福润奏,齐东县城临黄河,时虞冲决,拟迁城于九扈镇,并改齐河县县丞为齐东县分防县丞以资弹压。下部议。"[④]应是光绪二十年才正式迁于此地。民国《齐东县志》也持此说。[⑤] 宣统《山东省河务行政沿习利弊报告书》对齐东县治迁移也有记述:"齐东县旧治当河水曲流之处,自萧家庄决口,四面被水,城墙已多倾圮,迨大寨胡家岸两次决口,县城正当下游,城墙遂冲塌净尽。光绪十九年(1893)经山东巡抚福润奏准,移治于本境九扈镇,离旧城约七十里,即以原有土围由赈抚局发款修葺作为城垣,厥后河水由杨家庄直趋正东,旧城遂半沦入河身。"[⑥]县治由原先位于县北部黄河南岸的赵岩口迁移到了离黄河较远的县东南部九扈镇,有效地减少了黄河对县治的冲击。

以上鲁西地区的十个州县在明清时期受黄河水患影响迁移了治所(见表3)。这些州县迁治有两个明显特点:一是从时间范围来看,这十个州县中,有八个州县在明代发生了九次治所迁移,

① 民国《齐东县志》卷二《地理志下・城池》,《中国地方志集成・山东府县志辑》第30册,第348页。

② 山东巡抚李秉衡奏:《奏为齐东县城迁徙所属驿站来往公文等项改道由章邱县接递等事》,光绪二十一年九月二十二日,朱批奏折,档号:04-01-0027-012,缩微号:04-01-001-1436,中国第一历史档案馆藏。

③ 民国《齐东县志》卷一《地理志》,《中国地方志集成・山东府县志辑》第30册,第334页。

④《德宗景皇帝实录》卷三百三十四,光绪二十年二月壬子条,《清实录》第56册,第291页。

⑤ 民国《齐东县志》卷二《地理志・建置》,《中国地方志集成・山东府县志辑》第30册,第345页。

⑥《山东省河务行政沿习利弊报告书》第一章,宣统二年六月山东调查局石印本,第5页。

特别是集中在明初洪武前期，清代仅有两个县发生迁治；二是从空间范围来看，州县迁治集中发生在曹州府境内，除寿张属兖州府，东阿属泰安府，鱼台属济宁直隶州，齐东属济南府之外，其他六个州县均隶属于曹州府。

表 3　明清时期鲁西地区水患影响下的州县治所迁移表

序号	州县名称	迁前地点	迁治时间	迁治原因	迁后地点	今地
1	曹州	乘氏地	洪武元年(1368)	河溢	安陵镇	菏泽市大黄集镇安陵村
		安陵镇	洪武二年(1369)	河没安陵镇	盘石镇	山东曹县县城
2	寿张县	旧治	洪武元年(1368)	城为河水所圮	梁山之东	山东阳谷县寿张镇
3	定陶县	宝乘塔西北	洪武四年(1371)	河决，城淹于水	故城以南	山东定陶县城
4	东阿县	新桥镇	洪武八年(1375)	河淹没邑城	谷城	山东平阴县东阿镇
5	巨野县	旧治	洪武九年(1376)	河决	旧治之东	山东巨野县城
6	范县	旧治	洪武十三年(1380)	河决城坏	旧治西北二十里	河南省范县县城
7	濮州	州东	景泰二年(1451)	河水冲啮城圮	王村	河南省范县濮城镇
8	单县	旧治	嘉靖五年(1526)	城为河水所圮	城北之原	山东单县县城
9	鱼台县	黄台	乾隆二十一年(1756)	河决坏城郭	董家店	山东鱼台县鱼城镇
10	齐东县	赵岩口	光绪十九年(1893)	黄水灌城	九扈镇	山东邹平县九户镇

第四节　鲁西地区州县迁治影响因素分析

鲁西地区在明清时期有十三个州县发生了十六次迁治，其中就有十个州县是受黄河水患影响而迁治十一次。寿张县在洪武元年因河患迁治后不久被裁撤，于洪武十四年复置时另选治所，显然是对原先的治所不满意，也可算受河患的长远影响，则河患影响迁治达到十二次，占总数的75%。另外，乐陵县在洪武二年“因蒸庶不便，迁于富平镇”[①]；临清县在洪武二年因朝廷颁布公廨标准迁治临清闸，景泰元年（1450）又因要筑城改迁闸东北三里[②]；恩县在洪武七年“县丞申范奉檄迁许官镇”[③]，距旧治四十里。鲁西地区州县治所迁移较多，但为便于百姓而迁治仅乐陵县一例，临清县和恩县三次迁治是与政府的要求有关，合起来也不过仅四例，可见黄河水患对于鲁西地区州县治所迁移的影响是非常大的。从上引各种文献来看，治所迁移的直接原因就是城内进水较深，官宇民舍浸坏，政府无法办公。水患与地震一样容易对地表造成极大破坏，皮之不存毛将焉附，治所被毁只能重建或迁移。一般来说，治所重建成本较小，但可能再次罹患；迁移成本较高，但一劳永逸。鲁西地区出现如此多的治所迁移，上文也总结了鲁西地区州县因黄河水患迁治在时间与空间上的两种表现，显

① 顺治《乐陵县志》卷一《舆地志・建置沿革》，顺治十七年刻本，第2页。

② 《明史》卷四十一《地理志二・山东》，第946页；康熙《临清州志》卷一《城池》，康熙十三年刻本，第14页。

③ 嘉庆《东昌府志》卷五《官署》，嘉庆十三年刻本，第22页。

然不是偶然现象。这是什么因素造成的呢？结合鲁西地区的黄河水患特点，可以从以下四个方面分析。

首先，州县迁治受黄河泛滥的地理因素影响大。受河患影响迁治的十个州县中，六个州县属于曹州府，寿张、东阿、鱼台三县也都临近曹州府，则90%的迁治州县属于易受黄河泛滥影响的鲁西南地区。黄河在历史上多从豫东地区决口，鲁西南地区首当其冲，“河南境内的宽河进入曹（县）、单（县），河道逐渐束狭，曹、单河段是豫、鲁、苏三省交会处，是上下河道枢纽段。此处‘河北决，必害鱼台、济宁、东平、临清以及郓、濮、恩、德，南决必害丰、沛、萧、砀、徐、邳以及亳、泗、归、颖，其受决之处，必曰曹、单，其次则鱼台、城武、沛县差多，而亦必连曹、单。是南北之间，三省之会，曹、单为之枢的也’”[①]。曹州府下辖十个县均长期受水患影响，据统计，“明朝时候山东省受黄河泛滥影响地区主要在大运河西部平原，有明一代影响山东的三十多次溃决中曹单附近决口者占了三分之二以上”[②]。1855年黄河铜瓦厢决口更是导致曹县、郓城、嘉祥、巨野等州县田庐漂没，居民奔散。章生道在《城治的形态与结构研究》中指出“最有利的城址是在河岸上”[③]。河道提供交通、灌溉、供水等便利，但是存在水患风险。曹州、濮州、单县、东阿、巨野、定陶、范县、寿张、鱼台、齐东因水患迁治的这十个州县地理位置上都处于黄河与运河河道附近，且地势低平，易受水患的影响。

---

① 邹逸麟、张修桂主编：《中国历史自然地理》，科学出版社2013年版，第234页。

② 李令福：《明清山东农业地理》，台湾五南图书出版公司2002年版，第25—26页。

③ 章生道：《城治的形态与结构研究》，载［美］施坚雅主编：《中华帝国晚期的城市》，第91页。

其次，每个州县适合做治所的场地不多，旧治的综合优势较大导致迁治越来越难。1128年宋东京留守杜充决河，黄河东决经豫东北、鲁西南地区，汇泗入淮，直到1855年才改走大清河入海。但入淮仅是主流，有时会东北决入马颊河、徒骇河、北清河入海。"即使是上游河南溃决泛滥也往往使黄水汹涌东流入山东境，构成严重的黄水灾难。"[①]元末明初鲁西水患已经非常严重，对州县治所影响凸显。明初州县并不是普建城墙，在河患影响下，没有城墙迁治相对较为容易，大部分能够迁治的州县采取了迁治方式，新的治所也成为所在州县的最佳位置。河患对鲁西州县治所的影响在迁治后得到基本解决；或者时人已经察觉迁移治所不能一劳永逸地解决河患问题，成本较高，由此到清代以降，仅河患单一因素就越来越难以影响到治所迁移。

再次，修筑城墙特别是用砖石材料有利于防范水患，新建和维修的城墙越多治所迁移概率就越小。治所迁移后水患影响变小，但并未根除，为抵御水患，大多数新城都选择以砖石建城或者加高城墙。如濮州州城在洪武十三年迁治之后又多次修葺。[②]在明代中期，虽然很多治所都频繁遭受水患袭城，但由于治所位置在地理位置、军事、交通及经济方面有优势，再加上百姓故土难离的思想，很多州县多次采取加固修葺城墙的方式来抵御水患。例如在明代虽有迁治建议但并未迁治的曹县和鱼台县，都是在城池遭受严重水患之时选择加固城墙的方式来减轻水患对治所的危害。光绪二十一年"河决马扎子，(青城县)全境成泽国，惟县治

① 李令福:《明清山东农业地理》,第25页。

② 嘉靖《濮州志》卷一《城池志》,《天一阁藏明代方志选刊续编》第61册,第301页。

以城免，然与水为敌者三月余，虽未冲陷，盖已仅矣”[①]。可见青城县也是因为有坚固的城墙才得以保全。除通过城墙保护治所外，黄河沿岸许多州县河高于地，靠护城堤保护治所，求得安稳，效果亦很明显。正如潘季驯所言：“查得滨河州县河高于地者在南直隶则有徐、邳、泗三州，宿迁、桃源、清河三县，在山东则有曹、单、金乡、城武四县，在河南则有虞城、夏邑、永城三县，而河南省城则河高于地丈余矣。惟宿迁一县已于万历七年改迁山麓，其余州县则全恃护城一堤以为保障，各处久已相安并无他说。”[②]

最后，河患影响治所迁移，但不是唯一的决定性因素。黄河破城，造成地表极大破坏，但迁移治所是一项重大决定，需要对地势地貌、战略位置、交通、经济、人口等方面进行综合考虑。迁治存在各种争论，最终迁或不迁也是社会各方力量参与讨论的结果。巡抚、巡按、布政使、知府、知县等各级官员、地方人士都会参与讨论。因此，治所迁移是自然和人文等因素综合作用的结果，并不是单纯地城池或衙署受到毁坏就要迁治。

以上说明州县成功迁治是多方面因素促成的，明初迁治州县较多与上述四点都有一定关系。鲁西地区还有一些州县饱受水患困扰，曾想迁治，但因各种原因没有完成实施。试以曹县、濮州为例予以考察。

曹县在明清时期受河患影响频繁。明正德四年（1509），黄河决口，曹县城被水围。六年，知县易谟乘冬季水涸，筑护城堤。次

---

① 民国《青城续修县志》第 1 册《建置志・城池》，济南五三美术印刷社，1935 年，第 52 页。

② ［明］潘季驯：《河防一览》卷十二《河上易惑浮言书》，《景印文渊阁四库全书》第 576 册，台湾商务印书馆 1986 年版，第 411 页。

年黄河复决口，护城堤荡然无存，城仍受淹。嘉靖《山东通志》记载："正德六年黄河浸漫，有议迁城者，知县易谟筑堤御之，九年知县赵景鸾增筑，城高二丈二尺，阔二丈，改濬旧壕，外增护城堤，而迁城之议寝矣。"①康熙《曹县志》载："自弘治壬子都御史刘公筑堤县北，河自西来，邑无岁不受其害，兼之岁久沙填城与外平，居人出入率自城头，门不能受车马。正德六年易谟筑护城堤一周，创始未坚。至八年，赵景鸾始佥谋大修城垣、城濠。"②指出从弘治五年(1492)刘大夏筑堤，曹县开始每年遭受水患。③ 曹县人王崇仁记载，自刘大夏治河以后，曹县饱受河患，特别是正德四年河患尤大。之后虽然筑防护堤，但效果不大。正德八年(1513)新任知县赵景鸾本来想迁徙治所，但一方面民众贫困，另一方面曹县河流交错，频繁的河患导致没有合适的迁城之所，故同县内其他官员、乡绅分析了迁城与修筑旧城的利害轻重之后，都认为修筑旧城才能更快解决曹县当前的县城居住条件恶劣的问题。④

正德九年(1514)赵景鸾花了大力气加固城墙，修筑护城堤，也只能收一时之效。嘉靖二十六年(1547)六月十二日河决入城，官廨民舍荡然一空⑤，后屡经修补，城墙仍然挡不住河水的冲击。万历二十一年，"大雨自四月至八月不止，公署庙宇民舍皆倾圮，麦尽烂，秋禾坏，城中高处仅存，洼者行船。次年春，知县郭养民

---

① 嘉靖《山东通志》卷十二《城池》，《天一阁藏明代方志选刊续编》第 51 册，第 762 页。
② 康熙《曹县志》卷二《建置志·城池》，康熙五十五年刻本，第 2 页。
③《明史》卷一百八十二《刘大夏传》，第 4844 页。刘大夏是弘治六年春以右副都御史治河筑堤，非弘治五年。
④ 康熙《曹县志》卷二《建置志·城池》，康熙五十五年刻本，第 2—3 页。
⑤ 康熙《曹县志》卷十八《杂稽志·灾祥》，康熙五十五年刻本，第 5 页。

开城东北隅凿渠放水”①。崇祯四年九月“河决荆隆口，水涨城南凡八月，平地丈余，房屋财产无遗。尸流遍野”②。顺治七年(1650)“河决荆隆口，邑北一带汪洋，连五年始平”③。康熙元年(1662)“五月初一日，河决石香炉，邑东南田禾尽没”④；九年“八月，河决牛市屯，城南一带稼禾尽没，地增新沙，民疲”⑤。康熙二十四年(1685)，知县朱琦指出：“曹邑乡绅士民纷纷控县，面诉城内积水深至一二尺，或有三四尺不等，若不开浚，则民房尽遭淹没等语。卑县随即率领佐二属员公同绅衿耆老沿城踏看，不惟城外之水淤蓄不消，即城内之水亦仍然停积，文庙四傍竟成巨侵，遂于四关厢外各寻泄水故道。”⑥在这样的情况下，朱琦也只是申请开浚原有水门，得到兖州府、济宁道、山东按察使、布政使、山东巡抚、河道总督等官员的批准，并未提出要迁徙治所。这说明曹县境内确实找不到更适合设置治所的区域，故未考虑迁治。之后曹县仍不时遭受大水。直到咸丰五年河决铜瓦厢，黄河“直趋东北，与济运河流，曹免其鱼之忧”⑦，河患对曹县的威胁才得到解决。

濮州在明代曾成功迁治。到同治五年时，黄河又冲入濮州城。山东巡抚阎敬铭奏：“窃查黄河自兰仪漫口以来，濮州州城四面均被水浸，因于南岸筑圩，迁徙州民，以为新治，冀可劳来安集。

---

① 康熙《曹县志》卷十八《杂稽志·灾祥》，康熙五十五年刻本，第6页。
② 康熙《曹县志》卷十八《杂稽志·灾祥》，康熙五十五年刻本，第8页。
③ 康熙《曹县志》卷十八《杂稽志·灾祥》，康熙五十五年刻本，第10页。
④ 康熙《曹县志》卷十八《杂稽志·灾祥》，康熙五十五年刻本，第10页。
⑤ 康熙《曹县志》卷十八《杂稽志·灾祥》，康熙五十五年刻本，第11页。
⑥ 康熙《曹县志》卷二《建置志·城池》，康熙五十五年刻本，第4页。
⑦ 光绪《曹县志》卷七《河防志》，《中国地方志集成·山东府县志辑》第84册，第118页。

嗣黄流渐复南徙，新圩仍多水患，是以官兵民役，每转移于新旧两城之间为迁避。本年黄流盛涨，倍于往昔……濮州当黄流顶冲，新旧城圩均在巨浸之内。”[①]濮州因靠黄河较近，自黄河兰仪漫口后，州城久被水淹，因于南岸筑圩移徙州民，以为新治。因同治五年阴雨兼旬，黄流盛涨，新旧城圩均被淹没，被水灾民荡析离居，官署也迁徙流移，数年后才安定下来。[②] 因新圩被淹，濮州并没有真正迁治成功。

第五节　小结

本书在第二章对明清时期苏北政区治所迁移的影响进行过讨论，指出黄淮平原的苏北徐州府、淮安府、扬州府、海州直隶州三府一州政区治所迁移有四个特点：(1)影响治所迁移的水患主要来源于黄河，治所迁移集中发生在徐州府境内；(2)水患影响治所迁移，但不是决定性因素；(3)水患影响下苏北地区治所迁移主要发生在明代；(4)从政治因素来看，巡抚、河道总督、漕运总督以及中央、地方官员都可能涉及其中。这些特点与上文所述鲁西地区州县迁治影响因素有类似之处，但也有差异。第二点和第四点是非常类似的，但第一点和第三点还可进一步分析。

黄河在河南省决溢直接冲击的就是山东曹州府和江苏徐州

---

① 中国水利水电科学研究院水利史研究室编校：《再续行水金鉴》第3册，湖北人民出版社2004年版，第1293页。

② 颜元亮、姚汉源：《清代黄河铜瓦厢决口》，载中国科学院、水利电力部水利水电科学研究院编：《科学研究论文集》第25集，水利电力出版社1986年版，第224页。

府，这两片地区河患多，政区治所就容易发生迁移。从时间来看，苏北州县迁治受河患影响更为分散，虽然集中在明代，但主要是嘉靖之后，而不是明初洪武年间，在清代也有四次，最晚是咸丰元年（1851）。而鲁西地区在清代仅有两次迁治，清代中前期仅有鱼台县一次迁治，另有一次是清末齐东县迁治，值得细究。

黄河在明清时期大部分时间是夺淮入海，在清末改道北徙山东入海，造成了苏北和鲁西地区州县治所迁移特点略有不同。苏北在清末没有再因河患发生迁治，但鲁西却有济南府的齐东县迁治。

齐东县受黄河水患的影响非常大。黄河夺大清河河道入海后，对两岸冲刷加速，岸堤坍塌严重。为保县城不被水毁，齐东县于光绪十年（1884）在县城以西修筑了基长两千米的南北大坝——梯子坝，希望能挡住黄河河道南移，确保县城安全。光绪十八年黄河泛滥，冲毁梯子坝三百余米，河道南移，导致县城被淹，仅存东南一隅。县城最终迁移到距河七十里的九扈镇，旧城长眠于黄河滩地。齐东县迁至九扈镇后不过安静了五十多年。1950—1956 年，又经历了三次迁城，最终在 1958 年被废，辖地大部分划入邹平县。[1] 至此，有着八百年历史的齐东县就因为黄河水患问题消失了。

黄河夺大清河入海不仅导致齐东县迁治，对位于下游的武定府蒲台县也有一定的影响。潘俊文指出："（黄河）入大清河以下，河身历年无患，盖上游容水之地尚宽也。迨上游节次修治，水有

① 山东省邹平县地方史志编纂委员会编：《邹平县志》，中华书局 1992 年版，第 47、475 页。

河槽,上游粗平而下游之患渐见。""自光绪八年以后,除断流二年外,其余无岁不决,河患可谓深矣。"[①]光绪二十七、二十八年(1901—1902)河道自滨州张肖堂以下改由县城南支河行,经韩家、十里堡等处至小高家复分为二股,河流忽南忽北时有小变。[②]1938年国民党军队炸开花园口,黄河又改道淮河入海,减轻了蒲台县被水淹的危险,但1947年黄河归故,蒲台县又危在旦夕,中华人民共和国成立后县政府先驻乔庄,1950年迁至黄河南的高庙李,1953年又迁至小营,1956年被废。[③] 光绪十年,潘俊文指出,铜瓦厢决口"至今已三十年,从前泛滥于曹、兖、济宁各属,灾区甚广,淤湖阻运,漫水且波及江南,其患皆在未穿运之前,迨同治末年堵筑侯家林、贾庄并建堤捍卫,十余年来尚就范围,曹、兖各属稍获安枕,兼得护运通漕。近自光绪七年济、武各属又屡满溢,其患渐见于入大清河之后"[④]。可见黄河改道大清河入海对山东地理的影响是深远的[⑤],在历史政治地理响应上有时间滞后性,对治所迁移的影响只不过最早在齐东县体现。

综上,同属黄淮平原的鲁西、苏北地区在明清时期都因黄河水患导致部分州县迁治,受地理环境的制约和各级政府官员、地

---

① [清]潘俊文:《现议山东治河说》,载《清代诗文集汇编》编纂委员会编:《清代诗文集汇编》第732册,上海古籍出版社2010年版,第576—577页。

② 《山东省河务行政沿习利弊报告书》第一章,宣统二年六月山东调查局石印本,第5—6页。

③ 中共滨州市委组织部等编:《中国共产党山东省滨州市组织史资料(1939—1987)》,山东省出版总社惠民分社1989年版,第7页。

④ [清]潘俊文:《议黄河》,载《清代诗文集汇编》编纂委员会编:《清代诗文集汇编》第732册,第504页。

⑤ 古帅:《黄河因素影响下的山东西部区域人文环境(1855—1911)》,《中国历史地理论丛》2020年第3期。

方人士对迁治成本的考量，两地呈现的特点有很多共同点，也略有差异，最大不同在于咸丰五年黄河改道山东入海对鲁西、苏北地区州县治所迁移影响迥异，但都是各级政府在自然和人文的双重因素作用下积极应对河患措施的体现。研究州县迁治与否的过程，有利于我们应对当前黄淮平原的水环境变迁。

第四章

挣脱不了的附郭命运
——明清时期凤阳府临淮县的设置与裁并

附郭是中国行政区划用语，指县级治所与州、府、省等上级政府机构治所设置于同一城内的特殊形态。历史上双附郭县，甚至是三附郭县并不少见。附郭县是因为与上级衙署同城，所以称之为附郭，但距离府治二十里，仍称之为附郭县却是极为少见的，也是非常怪异的。明清时期凤阳府的临淮县，本来是明初中立府的附郭县，中立府改名凤阳府，将府治移至析临淮县设置的凤阳县内。临淮县由此成为隐形的附郭县，这一点尚未被学界熟知。[①]附郭县地位显要，但对临淮县的赋役造成很大压力，经多次申请，直到万历三十二年才去附郭之浮名。临淮县经常受到淮水的冲击，最终在清代乾隆十九年(1754)被裁入凤阳县，成为临淮乡，又重新成为附郭县的一部分。本章将详细叙述临淮县从附郭到去附郭，并最终在水患的影响下被重新附郭的历程，探讨水患对县级政区的影响。

---

① 周振鹤主编，郭红、靳润成著《中国行政区划通史·明代卷》(复旦大学出版社2007年版，第38页)即认为凤阳府附郭县在洪武八年十月前为临淮县，之后为凤阳县。这也是学界的流行观点。

第一节　明初临淮县的设置与附郭

临淮作为政区名，由来已久。最早是临淮郡，西汉置，“临淮郡，武帝元狩六年置。莽曰淮平”[①]，东汉废，故治在今江苏泗洪县南大徐台子；西晋复置，故治在今江苏盱眙县东北，东晋废；北魏置临淮郡，北齐废，故治在今安徽固镇县东南四十里仁和集乡；唐改泗州置临淮郡，寻复改曰泗州，治所在今江苏盱眙县西北。[②] 临淮县出现稍晚，是北齐改己吾县置，治所在今安徽固镇县东南四十里仁和集乡，一说在今怀远县西北三十里，隋大业初废；唐置临淮县，属泗州，治所在今江苏泗洪县东南，北宋时移治今洪泽县西临淮乡，元初复还旧治，至明初废。[③]《水浒传》中有高俅投奔淮西临淮州的柳世权，有人已经指出北宋只有临淮县，无临淮州。[④] 另有临淮府，元代至元十五年（1278）改招信路总管府为临淮府，治盱眙县，二十七年废。[⑤]

本章所关注的临淮县不同于上述的临淮郡、临淮府与临淮县。此地即汉代的钟离县，三国时废；晋复置，至元代仍存，属濠州。

---

① 《汉书》卷二十八上《地理志上》，中华书局 1962 年版，第 1589 页。

② 史为乐主编：《中国历史地名大辞典》临淮郡条，中国社会科学出版社 2005 年版，第 1864 页。

③ 史为乐主编：《中国历史地名大辞典》临淮县条，第 1864 页。

④ 霍松林主编：《中国古典小说六大名著鉴赏辞典》临淮州条，华岳文艺出版社 1988 年版，第 104 页。

⑤ 《元史》卷五十九《地理志二》盱眙县条，第 1416、1417 页。

1364年朱元璋称吴王,建立西吴。洪武元年,朱元璋称帝,建都应天府。朱元璋逐渐对管辖政区进行了调整。明代成化年间的《中都志》对元末明初这段时期相关政区的变化记述较详:"元至元十三年设濠州安抚司,十四年升为濠州路,十五年为临濠府,二十八年仍为濠州,革怀远军为属县,隶安丰路,领三县:钟离、定远、怀远。国朝启运为帝乡,兴王之地。吴元年仍为濠州。是年改临濠府。洪武三年改为中立府,定中都,立宗社,建宫室,以泗、邳、徐、宿、寿、颍、光、六安、信阳九州为属。七年知府张遇林上言,以信阳道远,期会之难,请易他州。遂拨滁州并来安、全椒二县隶,本府以徐州并砀山、萧、沛、丰县为直隶,以邳州并睢宁、宿迁县隶淮安府,以六安州并英山县隶庐州府,以光州并光山、固始、信阳、息县隶河南汝宁府,迁府治于新城,改名曰凤阳。十九年又拨滁州并来安、全椒县为直隶,本府止领四州一十四县,曰:临淮、凤阳、定远、怀远、五河、虹县、泗州、盱眙、天长、宿州、灵璧、寿州、蒙城、霍丘、颍州、颍上、太和、亳州。"[①]即吴元年朱元璋占领濠州后,改名临濠府。洪武三年,又改名中立府,定为中都。[②] 之所以改为中立府,是因为"取中天下而立定四海之民之

---

① 成化《中都志》卷一《建置沿革》,《天一阁藏明代方志选刊续编》第33册,上海书店出版社1990年版,第16、17页。

② 有史料认为是洪武六年改名中立府。《明太祖实录》卷八十五,洪武六年九月壬戌条:"改临濠府为中立府,临濠大都督府为中立行大都督府"(台湾"中研院"历史语言研究所1962年校印本,第1515—1516页),《肇域志》《明史·地理志》有些内容也认为临濠府改为中立府的时间为洪武六年九月。考虑到后文即将叙述的洪武七年中立府又改名凤阳府,洪武六年改名说就显得改名太仓促,另下文《荥阳外史集》洪武六年三月即有临淮县,则不可能当年发生临濠府改为中立府,钟离县改为中立县,后又改为临淮县事。故洪武六年说不确。

义也”[1]。中立府除辖有原临濠府各县外，又增辖泗、邳、徐、宿、寿、颍、光、六安、信阳九州。洪武七年，中都所辖政区发生大变化，辖境缩小，虽然以滁州并来安、全椒二县来隶，但以徐州并砀山、萧、沛、丰县为直隶，以邳州并睢宁、宿迁县隶淮安府，以六安州并英山县隶庐州府，以光州并光山、固始、信阳、息县隶河南汝宁府。同年迁府治于新城，改中立府为凤阳府。洪武十九年(1386)，又以滁州并来安、全椒二县为直隶，凤阳府遂辖有四州一十四县：临淮、凤阳、定远、怀远、五河、虹县、泗州、盱眙、天长、宿州、灵璧、寿州、蒙城、霍丘、颍州、颍上、太和、亳州。

临濠府在明初改为中立府时，首县钟离县名称就发生了变化。“汉置钟离县，属九江郡。莽曰蚕富县。晋仍为钟离县，属淮南郡。隋初改豪州，后置钟离郡，县属焉。唐武德七年以涂山省入。宋元因之，皆为倚郭县。洪武三年改中立县。是年十二月，又改为临淮县。编户四十七里。余详见本府。东汉《志》云：凡县名先书者郡所治也。临淮，古郡治，故列于首云。凤阳县，附郭，《禹贡》扬州之域，古濠州地。国朝洪武三年定中都，筑新城于临淮西二十里。洪武七年十月改中立府为凤阳府，徙府治于新城，析临淮县太平、清洛、广德、永丰四乡置凤阳县。十一年，又割虹县南八都益之，编户共三十六里。”[2]钟离县长期作为附郭县，地位非常重要。洪武三年临濠府改为中立府时，钟离县即改为中立县，当年十二月，又被改名为临淮县，仍为附郭。

---

① 成化《中都志》卷一《建置沿革》，《天一阁藏明代方志选刊续编》第33册，第43页。
② 成化《中都志》卷一《建置沿革》，《天一阁藏明代方志选刊续编》第33册，第18、19页。

成书于洪武年间的《荥阳外史集》载:"(洪武六年)三月二十六日吏部尚书詹公奉旨,注拟浙江进士八人为中立府所属教官,盖以诸进士辞以不能居州县之职,故优待之,且以濠梁为国家兴王之地,教育之职必慎选进士为之者,欲其养成人才也。于是中立府临淮县儒学教谕郑真首授是选洪基,定远县教谕胡惟中,五河教谕王景彰,怀远教谕郭可学,宿州灵壁县教谕陈希贡,徐州萧县教谕,既准所拟,四月初八日于指挥司请文引,初九日早衣冠入吏部谢别。"[①]反映的就是中立府所辖临淮县等政区。

第二节 凤阳县的设置与附郭的变化

洪武七年,中立府发生重大变化。据《明太祖实录》载,洪武七年八月庚子:"改中立府为凤阳府,析临淮县之太平、清乐、广德、永丰四乡置凤阳县。"[②]《中都志》认为是"洪武七年十月改中立府为凤阳府,徙府治于新城,析临淮县太平、清洛、广德、永丰四乡置凤阳县。十一年,又割虹县南八都益之,编户共三十六里"[③]。《肇域志》载:"(洪武)七年八月甲午,改中立府为凤阳府,析临淮县之太平、清洛、广德、永丰四乡置凤阳县。九月,改中立大都督府为凤阳行都督府。八年十月乙未,筑凤阳皇陵城。丙

① [明]郑真:《荥阳外史集》卷九十八《濠梁录》,《景印文渊阁四库全书》第1234册,台湾商务印书馆1986年版,第617页。

② 《明太祖实录》卷九十二,洪武七年八月庚子条,第1609页。

③ 成化《中都志》卷一《建置沿革》,《天一阁藏明代方志选刊续编》第33册,第17、18页。

申，迁凤阳府治于临濠新城。”[①]史料记载的中立府改名时间略有出入，但都是洪武七年。之所以名为凤阳府，是因为“洪武七年迁府治于凤凰山之阳，赐名凤阳”[②]，并析临淮县的太平、清乐、广德、永丰四乡置凤阳县。

关于凤阳县的建置沿革，反映明初政区的《大明清类天文分野之书》载，凤阳县为新置倚郭，“本朝洪武三年于临淮县南二十里凤阳山之阳建中都，营皇城。洪武七年徙凤阳府治于此。又析临淮县之太平、清洛、广德、永丰四乡置凤阳县”。临淮县条载：“周为钟离子国。后为楚边邑。秦为钟离县。汉初因之。东汉为钟离侯国。晋武帝太康二年复立钟离县，安帝时又置燕县。北齐复为钟离县。南齐立北徐州，镇钟离，而以燕县为郡治。隋置濠州。唐武德七年省涂山入焉。宋元并仍其旧，为州倚郭。本朝洪武三年以其地置中立县，十二月改为临淮县。七年移府治于皇城，遂以旧府城为县治。”[③]此书不仅将凤阳县列为首县，还将临淮县排在定远县后，位列第三。

景泰七年(1456)书成的《寰宇通志》载：“凤阳县，附郭。本临淮县地。国朝洪武七年移府治于新城，始析太平、清洛、广德、永丰四乡置凤阳县。十一年又割虹县南八都益之。”[④]天顺五年(1461)《大明一统志》记载：“凤阳县，附郭。秦汉并为钟离县地，历代皆因之。

---

① [清]顾炎武：《肇域志》南直隶凤阳府，谭其骧、王文楚等点校，上海古籍出版社2004年版，第424页。

② 成化《中都志》卷一《建置沿革》，《天一阁藏明代方志选刊续编》第33册，第44页。

③ [明]刘基等：《大明清类天文分野之书》卷二，《续修四库全书》第585册，上海古籍出版社1995年版，第651—652页。

④ 《寰宇通志》卷九《凤阳府》凤阳县条，《玄览堂丛书续集》第41册，国立中央图书馆1947年版。

本朝改为临淮县,洪武七年始析临淮之太平、清洛、广德、永丰四乡置凤阳县,以在凤凰山之阳故名。十一年又割虹县南八都益之。"[①]清代修成的《明史·地理志》也载:"凤阳,倚。洪武七年八月析临淮县地置,为府治。十一年又割虹县地益之。"[②]

以上史料指出洪武七年八月,中立府改为凤阳府,析临淮县置凤阳县,府治移至凤阳县。凤阳县也在明代诸多史料乃至清代纂修的《明史》中被称为附郭县。

有人认为:"朱元璋在改濠州为临濠府时,将原来的钟离县改名叫临淮县。府、县两治都在原来的濠州城。改凤阳府以后,府治迁到'凤凰山之阳',临淮县治还在原濠州城里。大概是为了突出凤阳,于洪武七年八月,又将临淮县的太平、清洛、广德、永丰四乡划出,新设凤阳县。县治初设于凤凰山之前,中都鼓楼的东面。这时,因中都城已经罢建,府、县两治都在中都城内,都没有另建城池。洪武十年,县治又从山前迁到山后北兵马司,即后来所说的山后街,现在的门台镇山后村。以皇城的方位说,府治在东南方,县治在东北方。以凤凰山的方位说,府治在山前,县治在山后。"[③]认为中立府改名凤阳府在前,凤阳县设置在后,实际两者是同时进行的。

之所以要增设凤阳县,一方面与中立府改名凤阳府、府治迁移至凤凰山阳有关,另一方面也与当时的临淮县面积过大,事务繁杂有一定关系。据《明实录》载,就在析置凤阳县后二十天,吏

---

① 《大明一统志》卷七《中都》,第127页。
② 《明史》卷四十《地理志一》,第912页。
③ 姬树明、俞凤斌:《凤阳·凤阳府与凤阳县》,载安徽省滁州市政协文史资料委员会编:《皖东文史》第五辑,2004年,内部资料,第218页。

部奏："凤阳临淮县地要事繁，宜增丞、簿、典史各一人，砀山、盱眙、天长、光山、蒙城、霍丘、罗山、颍上、定远、五河、太和、虹、亳、息、沛、丰一十六县皆粮不满千石，宜各减丞一人。并从之。以罗山去凤阳远，命隶河南汝宁府。"[1]要增加临淮县的县丞、主簿、典史，同时减少其他十六个县的县丞。据成化《中都志》载，临淮县编户四十七里，凤阳县编户三十六里，定远县编户三十二里，怀远县编户四十里，五河县编户十五里，虹县编户十六里，泗州编户四十五里，盱眙编户三十一里，天长编户十二里，宿州编户五十一里，灵璧编户三十八里，寿州编户四十三里，蒙城编户十八里，霍丘编户二十二里，颍州编户三十二里，颍上编户十三里，太和编户二十一里，亳县编户四十六里。[2] 可见，临淮县析置凤阳县近百年后，凤阳府内也仅有宿州编户里数超过临淮县，同时凤阳县的编户里数也不少，在十八个州县中列第八。

在上引的《大明清类天文分野之书》《寰宇通志》《大明一统志》及《明史·地理志》中，皆将凤阳县作为附郭，位列凤阳府首县。明代后期编辑的《武备志》，也是如此。稍微不同的是《中都志》，首列临淮县，次为凤阳县。这样排列的原因是："东汉志云：凡县名先书者郡所治也。临淮，古郡治，故列于首云。凤阳县，附郭，《禹贡》扬州之域，古濠州地。"[3]临淮列于首县并不是因为它是附郭县，而是因为是古郡治，凤阳县才是真正的附郭县。

如此来看，洪武七年开始，凤阳府的附郭县似乎即为凤阳县，而非临淮县。

---

① 《明太祖实录》卷九十二，洪武七年八月庚申条，第 1617 页。

② 成化《中都志》卷一《建置沿革》，《天一阁藏明代方志选刊续编》第 33 册，第 18—43 页。

③ 成化《中都志》卷一《建置沿革》，《天一阁藏明代方志选刊续编》第 33 册，第 17 页。

附郭县因为与上级衙门同城，承担的任务与同府他县有些不同。明末宋权曾任阳曲知县，经常感叹："前生不善，今生知县；前生作恶，知县附郭；恶贯满盈，附郭省城。"[①]此事被其子宋荦所记，得以广泛流传。梁章钜有关于《首县》的论述："小住衢州府城，西安令某极言冲途附郭县之不可为，因举俗谚'前生不善，今生知县；前生作恶，知县附郭；恶贯满盈，附郭省城'云云。按此语熟在人口，宋漫堂《筠廊随笔》已载之，云其先文康公起家阳曲令，常述此语，则其来亦远矣。近时有作首县十字令者，一曰红，二曰圆融，三曰路路通，四曰认识古董，五曰不怕大亏空，六曰围棋马钓中中，七曰梨园子弟殷勤奉，八曰衣服齐整，言语从容，九曰主恩宪德，满口常称颂，十曰坐上客常满，樽中酒不空。语语传神酷肖，或疑认识古董四字为空泛，不知南中各大省州县交代，前凭首县核算，有不能不以重物交抵者。余在江南，尝于万廉山郡丞承纪处见英德石山一座，备皱瘦透之美，中有赵瓯北先生镌题款字，云系在丹徒任内交代抵四百金者。又于袁小野郡丞培处见一范宽大幅山水，亦系交代抵五百金者。使非认识古董，设遇此等物，何从判断乎？若第十字所云，则亦惟南中冲途各缺有之，偏远苦瘠之区尚攀跻不上也。"[②]极言附郭知县的利弊。首县难当，现代人也有感悟。熊正瑞指出："在清朝时代，南昌、新建、进贤，都是江西省的首县，称为南、新、进。首县本应是南昌，大概是独力难支，故将邻近省城的新建、进贤两县一并拉入，共同扶持。首县是个名，反要多尽义务，如听候省里各上峰的派遣，筹办省里各上司

---

① [清]宋荦：《筠廊二笔》卷上，《筠廊偶笔·二笔·在园杂志》，上海古籍出版社2012年版，第42页。

② [清]梁章钜：《归田琐记》卷七《首县》，中华书局1981年版，第137页。

的供应等等。因此当首县县令的,较之其他各县的县令,繁忙辛苦多了。也有好处,首县因接触上司机会多,较易得到上司的了解和照顾,遇到提拔职务,调剂美缺,首县自然是优先。”①将首县的好处、坏处分析得简单明了。

附郭县既然需要承担相当多的任务,临淮县在凤阳府的地位就显得颇为尴尬。从上引史料来看,明代众多公私文献将凤阳县作为附郭县,并未认为临淮县也是附郭县。但事实上,在相当长的时间里,临淮县也承担着附郭县的任务,所幸几部《临淮县志》等少数文献保留了相关资料,才被我们所知。明代前临淮县教谕欧阳灿在《临淮县志序》中指出“临淮旧为汤沐邑,以附郭故,罢于奔命”②。康熙《临淮县志》也认为:“《中都志》独凤阳县附郭,而临淮附郭之名相沿未除。”③

万历时期知县贾应龙撰写《临淮县改免附郭详文》《改免附郭条议详允始末》《鸣恩录序》,对临淮县在洪武七年后仍为附郭,终于在万历时期改免附郭的经过予以详述,才使得我们了解到临淮曾长期作为凤阳府的隐形附郭县。

贾应龙指出,临淮县千疮百孔,大害就在于是附郭,“附郭之害,总凤阳一府十八州县官民无一不知,无一不为扼腕叹息”。这种附郭的难处,使得一些官员都不愿意担任知县。贾应龙之前的林知县被逮已经两年,临淮县地位重要,知县不能久缺,曾经议调

① 熊正瑞:《旧时进贤县政府概况》,载政协进贤县委员会:《进贤风物》第11辑,1989年,内部印刷,第4页。

② [明]欧阳灿:《临淮县志序》,光绪《凤阳县志》卷首,《中国地方志集成·安徽府县志辑》第36册,江苏古籍出版社1998年版,第188页。

③ 康熙《临淮县志》卷一《建置沿革》,“中国方志丛书”华中地方第721号,成文出版社1985年版,第65页。

蒙城、五河两县知县，都未成功。贾应龙继任后，曾询问蒙城、五河两县知县原因，回答竟是“只附郭一节如何作得”[1]。凤阳府治迁至凤凰山之阳后，与临淮县相距二十里，官员应酬、百姓服役都相当不便。所以，贾应龙发出“临淮之设为附郭，以临淮原为凤阳府治也。自凤阳府西迁，而附郭仍旧，相去二十余里，与凤阳县同应附郭之差，不知于人情事理果相应否也？今两京十三省，一城而两附郭者有矣，不知亦有二十里外之附郭否乎”[2]的疑问。贾应龙将临淮县的附郭之累条列十款：

一、忘失本原之累。附郭应与府同城，临淮县离府城二十余里，不在凤阳府四门之内，遇到特殊天气，需道路迂回不下三十余里，于人情事理不相应，两京十三省没有其他二十里外的附郭县。

二、有名无实之累。临淮县为明太祖龙兴之地，北临淮河，经常水患。除凤阳卫及勋旧数家门户光彩外，别无足道。虽编户四十九里，但户稀粮少，户人十七八口遂为一里。

三、公务难兼之累。各院道府到任按临经过、上司谒陵，需在府伺候。陵寝四时致祭，附郭正官应陪，朔望致祭，儒学、教官轮陪，其余一切修造生计之事也需附郭。

---

① [明]贾应龙：《改免附郭条议详允始末》，康熙《临淮县志》卷七《艺文志》，“中国方志丛书”华中地方第721号，第404、405页。

② [明]贾应龙：《临淮县改免附郭详文》，康熙《凤阳府志》卷三十六《艺文志》，“中国方志丛书”华中地方第697号，成文出版社1985年版，第2150页。

四、冗赘无补之累。一役而两县供应，近者甚便，远者甚苦。

五、在府居民之累。临淮县以一县之民为役凤阳，借府城之人为役。临淮民购买价格奇贵，诸民告苦。

六、在县居民之累。每遇府城有事，除在府居民一切备办外，还需各行至府或吊发各行上府，各执本役。各役不问寒暑昼夜风日阴雨，往返数十里。

七、修理夫役之累。府城衙门等损坏需修理，凤阳县往来只五六里，临淮县便是四五十里。凤阳县修造一二日，临淮县便需三五日，迟速难易役使不均。

八、三年宴厂之累。乡举三年一次，各色差遣都是与凤阳县朋当同办。

九、两县推委之累。府城院道四处为上司驻扎之所，西察院、中察院为凤阳县所设，都察院、兵备道为临淮县所设。经过上司多在兵备道驻扎。供应人等会互相搀越，有便利一定说是凤阳县，有失误一定说是临淮县。

十、两县牵制之累。官衙合属在府，惟恐放宽临淮一分，即多一分之害，视临淮如冤家。濠梁驿原是凤阳、临淮两县同任驿差，但凤阳县以距离有二十里远，转给临淮县，临淮县忍死不说。现在临淮县说附郭有二十里远，凤阳县却拼死相争。[①]

---

① ［明］贾应龙：《改免附郭条议详允始末》，康熙《临淮县志》卷七《艺文志》，“中国方志丛书”华中地方第721号，第408—422页。

除此十累以外，临淮县因为是附郭而废除了郊社之祀，没有本县的祭典。如果免于附郭，则可以举办独立的祭典。

以前为什么将临淮县与凤阳县同作为附郭县？贾应龙认为："该本府知府张看得临淮县附郭载在《会典》，盖以皇陵凤城皆根本重地，而凤阳置县于临之后，地瘠民稀，萧萧数楹，仅同村落不足以供一郡，故以临淮附之，此盖辅车相倚，势难一废。"[①]即凤阳一县过于贫穷，无法承担附郭县的任务，故才要求临淮县承担附郭徭役，所以在临淮县申请免附郭时百般阻挠。但实际上弘治、万历两版《明会典》，笔者并未发现有临淮为附郭县的明确记载，临淮县都是位列凤阳县之后居第二位。

临淮县渴望挣脱附郭命运，但面临凤阳县的阻挠，"临民苦于奔命，如尪羸负重而急欲弛肩。凤民狃于从来，如陷溺倚援而坚不脱手，以是官吏争于公庭，士民讧于衢肆，竟成聚讼"[②]。即使是府道巡按等，也并不愿临淮县脱离附郭。颍州道指出："临淮附郭所从来久矣，一旦弛肩于凤阳，则更张既骇听闻，独力犹难支持。"巡按指出："本院顷谒皇陵，见临淮行附郭县事，心甚讶之，私谓相安已久，不必致诘，不图为害。"幸好这位高巡按还比较开明，又指出："若此据该县条议极为有理，该道覆加勘议，毋泥旧规，毋询偏见，务俾百年积弊一方大害自今厘革。"[③]经过府道酌议，总督漕抚、总河部院、巡按等各级衙署审批，最终使临淮县于万历三

① [明]贾应龙：《临淮县改免附郭详文》，康熙《凤阳府志》卷三十六《艺文志》，"中国方志丛书"华中地方第697号，第2152页。

② [明]贾应龙：《临淮县改免附郭详文》，康熙《凤阳府志》卷三十六《艺文志》，"中国方志丛书"华中地方第697号，第2152页。

③ [明]贾应龙：《改免附郭条议详允始末》，康熙《临淮县志》卷七《艺文志》，"中国方志丛书"华中地方第721号，第430、424页。

十二年免于附郭。[①]

乾隆《江南通志》载："贾应龙，安阳人，万历三十一年知临淮县。县自国初为凤阳府治，后府移凤阳而县仍名为附郭，凡公事皆与凤阳一例协办，民吏重困。应龙始申请免之。又调两驿夫马皆得均平。"[②]贾应龙担任临淮知县的时间据载是万历癸卯年(1603)七月至丁未年(1607)六月。[③] 说明贾应龙在上任后就积极申请免于附郭，次年即成功。

目前，从明代文献中尚不能看出临淮县是凤阳府的附郭县。但清代文献则多处指出临淮县先附郭后申免之事。《古今图书集成》载："(临淮县)明洪武三年改中立县，又改为临淮县，为本府附郭。万历间始改为外属，隶凤阳府。"[④]这可能是中央政府大型文献中首次明确指出临淮县是其附郭县。《肇域志》也载有临淮县为附郭："本朝洪武三年，改中立府，定中都，立宗社，建宫室。始置临淮县为倚郭，然在旧城……至万历初年，临淮让属于东隅，遂以凤阳为倚郭县。"[⑤]指出临淮县在万历时不再是附郭，但也弄错了凤阳县为附郭县的时间。

按理说，明人对本时期的行政区划是最熟悉的，理应将临淮是附郭县写入各类官方文献，但实际上我们主要靠府县志中保留

---

① 康熙《临淮县志》卷一《建置沿革》，"中国方志丛书"华中地方第721号，第65页。

② 乾隆《江南通志》卷一百十七《职官志》，《中国地方志集成》省志辑・江南(5)，凤凰出版社2011年版，第262页。

③ [明]李当泰：《临淮令铭言贾大夫去思碑记》，康熙《临淮县志》卷七《艺文志》，"中国方志丛书"华中地方第721号，第449页。

④ 《古今图书集成》方舆汇编《职方典》第八百二十七卷《凤阳府部汇考一》，中华书局1934年版，第125册第五十三B页。

⑤ [清]顾炎武：《肇域志》南直隶凤阳府凤阳条，第427页。

的文献才能了解。明代中期后的项笃寿(1521—1586)撰有《小司马奏草》,载:“今所属仍照原题每匹十两事例内,将扬州府属泗州临淮县、淮安府属邳州、山阳、桃源、宿迁、赣榆、清河、睢宁、沭阳等州县俱系重大灾伤,前项马价拟以十分为率,准免六分,仍追四分,自万历八年为始,分作三年征解,限万历十年通完。”[①]章潢在万历四十一年(1613)刊刻的《图书编》中指出:“古徐州,今在泗州临淮县之徐城镇,去徐州垂五百里。”[②]章潢曾任白鹿洞书院的山长,纂修《万历新修南昌府志》,是有名的学问家。实际上,明代临淮县属凤阳府,泗州领盱眙、天长二县,泗州也不属于扬州府。可见,即使是富有学问的当时人,也并不一定了解当时的政区,章潢就是直接抄前人的论述,没有注意到“今”(万历时期)已经没有泗州临淮县了。

第三节　清代临淮县的裁撤

临淮县申免附郭,一个因素也是县境经常遭受水患,异常贫穷。《肇域志》指出:“临淮县……以旧守城为县治。县城周九里三十步。淮水迳县城北,东北流入海。……县城逼近淮河,水恒为患,筑东西二坝捍之,然时有冲决之患。”[③]

---

① [明]项笃寿:《小司马奏草》卷一,《续修四库全书》第478册,上海古籍出版社2002年版,第516页。

② [明]章潢:《图书编》卷三十二《古今地名沿革总论》,《景印文渊阁四库全书》第969册,台湾商务印书馆1986年版,第635页。

③ [清]顾炎武:《肇域志》南直隶凤阳府凤阳条,第12页。

《明实录》也记载有多次大水冲决临淮。《明宪宗实录》载成化八年(1472)大水,淹没临淮县城:"守备凤阳宣城伯卫颖等奏,凤阳新城……其旧城亦临淮,河连年为泥沙壅积,反高于城,一遇淫雨,水无所洩。今议东西门外原有护城土坝,岁久陵夷,未经修筑。成化八年淮水暴至,冲开东坝,渰没城内居民,至今城外淤沙未除,城中积水如故。乞包砌新城以护陵寝,修筑土坝,以备水患。事下工部,请行巡视、留守等官相度其切要者量加修理,余俟丰年。从之。"①

《明武宗实录》载,正德十二年(1517)大水:"大学士梁储等言,今年四、五月以后,各处水患非常。……凤阳,祖宗兴王之地,雨久山水骤发,临淮、天长、五河、盱眙等县军民房屋尽被冲塌,田野禾稼淹没无存,老稚男妇溺死甚众。"②

《明世宗实录》载,嘉靖二十四年黄河大水:"巡按直隶御史贾大亨奏,自河水由野鸡冈冲折而南入凤阳,沿河诸州县今岁滋甚,已议徙五河、蒙城二县避水患矣。独临淮一县当凤阳府治之东,为祖陵水口形胜,势不容远徙,而近地复无可据,且累岁灾伤,不堪重役,乞敕总理河道及巡抚官,亲为相度,或迁或否,务求至当,不得互持两端,仍于砀山县乘时疏浚,引河道入二洪,以杀南注之势,其五河、蒙城迁县事宜并行,熟计以图永久。下户、工二部覆可从之。"③

---

① 《明宪宗实录》卷一百十二,成化九年正月戊午条,台湾"中研院"历史语言研究所1962年校印本,第2179—2190页。

② 《明武宗实录》卷一百五十一,正德十二年七月壬辰条,台湾"中研院"历史语言研究所1962年校印本,第2930页。

③ 《明世宗实录》卷三百五,嘉靖二十四年十一月癸酉条,第5768—5769页。

到万历三十一年，贾应龙申请免于附郭时，即指出临淮县：“城以临淮，每遇春初，四面皆水，城垣坐在水中，不浸者三版”①

在水患的冲击下，县署曾多次迁移。县署本在清流门内，洪武三年迁于金枪坊，“永乐四年因水徙曲阳门外，七年徙庆寿坊。正统二年淮水冲塌，知县徐奎复徙金枪坊，改坊曰宣化，即今县署。后屡被水患。……嘉靖四十五年（1658），淮水灌城淹没”②，衙署不得不多次重建。

清代明后，临淮县仍隶凤阳府，其受水患的状况并未得到改变，仍不时遭受水患，详见下列“表4 清代中前期临淮县水患表”，所列都是较大的水患，小水患没有列入。

表4 清代中前期临淮县水患表

序号	时间	灾情	出处
1	顺治六年	五月淫雨……水冲城，官衙学宫民舍尽为漂没，四乡禾麦渰损……全城仅存西南两隅，如小洲，然东北仅存城垛口	康熙《临淮县志》卷一
2	顺治十五年	凤阳府属泗州、临淮、五河、怀远等州县，匝月霪霖。倾坏城垣。漂没田舍	《清世祖实录》卷一百二十一
3	康熙二年夏	水灌城	康熙《临淮县志》卷一
4	康熙三年秋	水	康熙《临淮县志》卷一

① ［明］贾应龙：《改免附郭条议详允始末》，康熙《临淮县志》卷七《艺文志》，“中国方志丛书”华中地方第721号，第410页。

② 光绪《凤阳县志》卷六《公署》，《中国地方志集成·安徽府县志辑》第36册，第281页。

续　表

序号	时间	灾情	出处
5	康熙四年夏	水灌城	康熙《临淮县志》卷一
6	康熙五年秋	水	康熙《临淮县志》卷一
7	康熙七年	水灌城。地大震,倾塌城垣民舍无算	康熙《临淮县志》卷一
8	康熙九年夏	大水。二麦浥烂无算	康熙《临淮县志》卷一
9	康熙十一年	又水。(城根)复倾圮数十丈	康熙《临淮县志》卷一
10	康熙四十八年	江南四月内,霖雨连绵,上江之泗州临淮、下江之邳州沭阳泰州等处,雨水停积,麦苗淹没	《清圣祖实录》卷二百三十八
11	乾隆六年四月	北关浮桥船经暴风飘沉三十六只	《清高宗实录》卷一百四十一
12	乾隆六年十一月	临淮县城西土埂一道。隔绝濠水……今因霪雨冲决	《清高宗实录》卷一百五十四
13	乾隆七年五月	临淮县山水陡发,冲坍西关桥座及两旁石岸,决口三十余丈	《清高宗实录》卷一百六十六
14	乾隆十二年	临淮县西土坝埂,被水冲没	《清高宗实录》卷二百九十七
15	乾隆十四年	上江所属之合肥、寿州、凤台、凤阳、贵池、怀远、灵璧、虹县、滁州、全椒、和州、泗州、五河、临淮、盱眙、凤阳卫、长淮卫十七州县卫。俱各被水	《清高宗实录》卷三百三十五
16	乾隆二十五年	淮水大涨闻贤门北,冲去城址二十余丈,深七八尺,城中遂为积水之区。惟南西两门稍有高地民房。其年知府项樟捐俸堵塞。明年仍冲开,常与淮水通连矣	光绪《凤阳县志》卷三

清初临淮县不仅仍遭水患，其赋役也与凤阳县相同，重新回到隐形附郭的状态。康熙《临淮县志》载："皇清定鼎，改直隶为江南省，仍属凤阳府，其一切差徭如提学考试、搭盖棚场、置备桌凳、修理道府衙门及预备仓南铺等处，并本府宾兴文武生员酒筵，仍复派，与凤阳县平半应役。"造成百姓困苦。顺治十五年(1658)，知县周邦贤遂向上司建议将临淮县改为小县，但"独文武生员进学名数比照小县则例，而诸项差徭未减毫末，视昔更倍。是临淮虽蒙小县之名而实受大县之累"[①]，处境更为糟糕。

临淮县在历次水患的冲击下，"城垣衙署均经坍颓，难以修葺"[②]。康熙、雍正年间，因衙署叠遭大水冲荡，不可修理，"知县常僦民居治事"[③]。乾隆七年(1742)，部议勘有周梁桥堪建临淮县城，又命大学士陈世倌前往会勘。[④] 次年正月，钦差大臣陈世倌、直隶总督高斌、刑部侍郎周学健会同两江总督德沛、调任江南河道总督完颜伟、江苏巡抚陈大受、前任安徽巡抚张楷等奏，临淮县城应准建于周梁桥[⑤]，估算需要银二十一万七千余两。但"经费不敷，节年缓办。嗣于乾隆十五年经抚臣卫哲治于前任内具题

① 康熙《临淮县志》卷一《建置沿革》，"中国方志丛书"华中地方第721号，第65—66页。

② 《裁临淮归并凤阳县部议》，光绪《凤阳县志》卷一《建置沿革》，《中国地方志集成·安徽府县志辑》第36册，第200页。

③ 光绪《凤阳县志》卷六《公署》，《中国地方志集成·安徽府县志辑》第36册，第281页。

④ 《高宗纯皇帝实录》卷一百七十九，乾隆七年十一月条，《清实录》第11册，中华书局1985年版，第315页。

⑤ 《高宗纯皇帝实录》卷一百八十二，乾隆八年正月甲子条，《清实录》第11册，第355页。

池凤等属秋灾案内部议，临淮县衙署城垣应如彼案，确估分别缓急，详题请建。续因署知县周从濂详称，周梁桥本属校场，并无居民，建造衙署仓狱，体制不宜，故停止未办"。安徽布政使高晋等提出："（临淮、凤阳）两邑四至远近幅员不广，钱粮未足四万，民数仅二十八万有奇。民间完纳钱粮申诉词讼一切城乡往来均无不便。前明以凤郡为兴王之地，故多置一县。今郡治驻扎巡道、知府、守备等官，并无城郭，乃于附近二十里内分置两县，实属冗设，应请将现无城署之临淮裁汰归并凤阳县管辖。"[①]到乾隆十九年（1754）十一月二十一日，前任两江总督鄂容安等上疏得到吏部等部议覆："临淮县频遭水患，城署冲坍，请归并凤阳县辖。其临淮县知县、县丞、教谕、训导、典史五缺应裁。添设巡检一员，驻临淮旧城，专司递解拨护及稽查地方。夫马钱粮仍归县管。并设立弓兵十二名，民壮十八名，皂役二名，门子、马夫各一名。凤阳县添设主簿一员，并设皂隶四名，门子、马夫各一名。至临邑防汛弁兵，沿途铺兵及额设孤贫，应请存留。其县前铺司二名并门皂马快等役均裁，改设门军八名。又新设主簿、巡检及向无衙署之凤阳县教谕、训导，均应估建。凤邑县署亦应修理。至凤邑监狱，如不敷，酌估添建。至养济院，凤、临两处年久坍塌，向系散处寺庙空房，今请于凤阳县城内估建。再常平仓，凤邑原贮米一万八千石，毋庸加增，其临邑贮米一万四千石，并入府仓为额。至二县原定养廉各六百两，今归并一县，应增四百两。主簿、巡检各给养廉

① 《裁临淮归并凤阳县部议》，光绪《凤阳县志》卷一《建置沿革》，《中国地方志集成·安徽府县志辑》第36册，第200页。

六十两等语。均应如所请。”①临淮县归并于凤阳县，改设为临淮乡，其地又名正言顺地成为附郭县的一部分。

第四节　小结

临淮县前身是汉代的钟离县，曾长期是郡、州的附郭，地位重要。明代肇建，设中立府，临淮县仍为附郭县。但随着中立府改名凤阳府，并迁至凤阳山，设立凤阳县，临淮县因为与府治相隔二十里，地位下降，虽然长期承担着附郭县的任务，但在众多文献中被剥夺了附郭县的名义。因民不聊生，在知县贾应龙的申请下，临淮县终于在万历三十二年挣脱了附郭的压力。但好景不长，随着王朝的更迭，临淮县在清代初期又重新承担起附郭县的赋役，却没有了附郭县的名义，比明代前期的处境更为艰难。因临淮县始终饱受水患的威胁，城内衙署受到严重破坏，乾隆八年，曾计划迁移县治，但经费不足，地点不宜。督抚等各级官员合议上奏，认为凤阳、临淮两县的情形与明代有别，已经无须在二十里内设置两县，为节省经费，决定将临淮县并入凤阳县。临淮县由此在乾隆十九年并入凤阳县，其地民众重新完全回归附郭县的权力和任务，真正脱离附郭束缚的时间仅仅四十年。从前文引《中都志》可知，临淮在凤阳府内是大县，凤阳县也是中等偏上，但临淮裁并入凤阳时，督抚等官员则又感叹，新凤阳县“统计袤延宽广各一百三

① 《高宗纯皇帝实录》卷四百七十七，乾隆十九年十一月丙申（二十一日）条，《清实录》第 14 册，中华书局 1986 年版，第 1161 页。

十里，幅员并不辽阔。临淮县额赋二万一千三百八十五两零，凤阳县额赋一万七千二百四十二两零，合计额赋仅止三万八千六百二十七两零，未为繁多"[1]，即说明原临淮、凤阳两县财政并不富裕。由临淮县的附郭变迁可见，是否成为附郭县，不在于距离府城的远近，而在于府级财政是否需要此县的支持；水患作为对地表破坏严重的灾种之一，对于政区的调整有非常大的影响。

---

① 《裁临淮归并凤阳县部议》，光绪《凤阳县志》卷一《建置沿革》，《中国地方志集成·安徽府县志辑》第 36 册，第 200—201 页。

第五章

水患对集镇迁移的影响
——以清代清河县王家营为例

自然灾害对我国历史上的社会、经济造成非常巨大的影响，学界对这方面的研究颇多。自然灾害在政治地理上也会影响我国社会的发展，这方面的研究相对偏少，但也逐渐有学者进行探索。陈庆江、胡英泽、许鹏、李燕、黄春长等在其论著中都或多或少将自然灾害与政区的变迁结合起来探讨。[①] 王娟、卜风贤等和笔者也曾撰文专门探讨自然灾害与政区调整之间的关系，进行宏观理论总结。[②] 这些论著主要就古代县级以上政区的调整与自然灾害之间的关系做了部分梳理和研究，并没有关注县级政区以下的区域调整与自然灾害之间的关系。李德楠的文章《水环境变

---

① 陈庆江：《明代云南政区治所研究》；胡英泽：《河道变动与界的表达——以清代至民国的山、陕滩案为中心》，载常建华主编：《中国社会历史评论》第 7 卷；《流动的土地——明清以来黄河小北干流区域社会研究》；许鹏：《清代政区治所迁徙的初步研究》，《中国历史地理论丛》2006 年第 2 期；李燕、黄春长、殷淑燕等：《古代黄河中游的环境变化和灾害——对都城迁移发展的影响》，《自然灾害学报》2007 年第 16 卷第 6 期。

② 王娟、卜风贤：《古代灾后政区调整基本模式探究》，《中国农学通报》2010 年第 6 期；卜风贤：《政区调整与灾害应对：历史灾害地理的初步尝试》，载郝平、高建国主编：《多学科视野下的华北灾荒与社会变迁研究》；段伟：《自然灾害与中国古代的行政区划变迁说微》，载《历史地理》第 26 辑。

化与张秋镇行政建置的关系》将研究视角触及地方市镇，以清代张秋镇为研究对象，探讨了其由于水环境的变化在历史上的行政建置沿革。[①] 该文虽然讨论了张秋镇的政区沿革与水环境之间的关系，但主旨并未完全反映县级以下区域的调整与自然灾害之间的关系。

清代县以下的行政区划非常芜杂，县城以外的乡村行政层级有乡—都—图—村四级，或乡—图—村三级，或乡—村、图—村两级，甚至不分乡、都、图等层级，只设一级，等等，张研对此有非常细致的分析。[②] 集镇在宋代有建制镇，属于正式的行政区划，但在清代却并非是县以下一级管理地方或征收商税的机构，邹逸麟先生已经指出，《清国史》《清史稿》等县下的某某镇记录，并没有严格的学术标准，有一定的任意性。[③] 许多论著讨论了明清时期的地方佐杂官对集镇的管理和控制，对于这些讨论，胡恒则指出，清代地方佐杂官分防区域与市镇区域之间的关系复杂，并不构成必然的对应关系。[④] 集镇既然不是县以下的行政区划，在政区调整时应该不涉及。但我们在整理资料时发现，自然灾害在影响政区调整时，也会影响到集镇的调整，这一点尚未受到学界的重视。集镇被调整也促使我们反思集镇在清代处于一种什么样的基层地位。

清代的苏北地区黄河、淮河、运河交汇，水患频仍，影响到的政

---

① 李德楠：《水环境变化与张秋镇行政建置的关系》，载《历史地理》第 28 辑。

② 张研：《清代县以下行政区划》，《安徽史学》2009 年第 1 期。

③ 邹逸麟：《清代集镇名实初探》，《清史研究》2010 年第 2 期。

④ 胡恒：《皇权不下县？清代县辖政区与基层社会治理》，北京师范大学出版社 2015 年版，第 214 页。

区调整也颇多，其中就涉及集镇的调整。本章尝试从微观角度，以清河县的王家营为例，探讨水患影响下的集镇变迁，了解水患影响下的县域的变化，进一步加深对自然灾害影响政区的认识。

第一节　水患影响下的苏北黄淮地区集镇变迁概况

清代苏北黄淮地区的水患对县治冲击很大，对集镇的影响也不遑多让，许多集镇淹没在洪波中。

乾隆《重修桃源县志》载："老鹳汀旧为巨镇，商贾辏集，称小苏州，后因苏家塘水冲河淤，集遂废。"[①]

光绪《清河县志》指出，清河县洪泽镇在治西南五十里，"《河防志》：洪泽镇有洪泽村，东西街道旧有千余户，康熙初尚余百余家。（康熙）十五年水涨，居民散去"[②]。同县的新市在明代后期就已经被水淹。新市在大河之南，"明正德间知府薛鎏招抚流亡，构庐舍，立肆市，弛湖禁，通商贾，民乃大集，后高堰蓄水，多尽倾于湖"[③]。

光绪《安东县志》载："康熙三十五年，黄河决时家口，中河堤亦被冲溃。河督张鹏翮檄知县事彭铭修堤，仍至平旺河止，而下游潮河沙成平陆，自平旺河下水行无堤之所，县境如五港、长乐、

① 乾隆《重修桃源县志》卷一《舆地志・坊乡集镇》，《中国地方志集成・江苏府县志辑》第57册，江苏古籍出版社1991年版，第523页。

② 光绪丙子《清河县志》卷三《建置・乡镇》，《中国地方志集成・江苏府县志辑》第55册，第866页。

③ 光绪丙子《清河县志》卷三《建置・城池》，《中国地方志集成・江苏府县志辑》第55册，第857页。

渔场各镇率沉水底,望空纳赋。”[1]

民国《阜宁县新志》载:“(康熙)三十五年河决童家营,马逻全镇毁于水。其时淮又决清水潭、庙湾,居民栖范公堤上,如蚁集。”[2]

水患影响下的湖泊涨溢,淹没周围集镇,在水退后会有部分土地露出水面,这部分土地则会重新划入乡里,纳入地方行政管理体系。《淮阴风土记》中老子山乡即载:“盖万历以前,直北湖面,皆吾县怀仁乡可耕之腴田也。湖涨以后,怀仁乡与益北之移风乡,一时俱沉水底。道光以后,移风出土,今为二区之壤,而怀仁则惟老子山本镇存。”[3]

清代苏北地区水患在淹没或冲毁一些集镇后,有些集镇并没有因此消亡,而是迁移到别处。从目前保留下来的有限史料中可以发现,这类案例并不少见,试举例如下。

宿迁县蒋店,咸丰十一年因骆马湖水泛滥,迁建新店。民国《宿迁县志》卷四《营建志·圩寨》载:“新店集距城四十五里,咸丰十一年许潮勃等建。”[4]同书卷四《营建志·乡镇》即载:“新店集在治北四十五里,原名张家集,或云自蒋店移来。”[5]蔡家集也经历了迁移,民国《宿迁县志》载:“蔡家集在治西三十里。”[6]据称:

---

① 光绪《安东县志》卷三《水利》,《中国地方志集成·江苏府县志辑》第56册,第22页。

② 民国《阜宁县新志》卷首《大事记》,《中国地方志集成·江苏府县志辑》第60册,第8页。

③ 张煦侯:《淮阴风土记》,《淮安文献丛刻》第九辑,第400页。

④ 民国《宿迁县志》卷四《营建志》,《中国地方志集成·江苏府县志辑》第58册,第422页。

⑤ 民国《宿迁县志》卷四《营建志》乡镇,《中国地方志集成·江苏府县志辑》第58册,第427页。

⑥ 民国《宿迁县志》卷四《营建志》乡镇,《中国地方志集成·江苏府县志辑》第58册,第427页。

“光绪年间，朱海决口，淹没了蔡集，迁到义勇圩（距老蔡集一千米），又称义勇镇，后改名为蔡集乡，隶属杨集区。”[1]

江都县瓜洲镇在不断的江水冲击下，迁移至四里埠。瓜洲镇在县城东南，距城陆路三十里，水路四十里，“当运河下游，南滨大江”[2]，受塌江影响严重。康熙五十五年（1716）长江北徙，对瓜洲城冲击严重。康熙曾注意到此问题，“圣祖仁皇帝谕旨，江流日渐北徙，冲刷瓜洲，城垣必致危险，事关民生”[3]，于是令督抚修防护堤。由于江流冲刷严重，防护堤已不能阻止江岸的塌陷，自乾隆后坍江现象日益增多。乾隆元年（1736）埽工塌卸入江八十余丈，这是瓜洲埽工塌卸之始。四十一年由查子港迤下接连回澜坝江岸，陷一百余丈，西南城墙塌四十余丈，这是城垣塌卸的开始。四十五年西南城复圮，南水关陷。四十七年小南门沦于水，筑土城于盐坝门之右，辟聚宝门。道光十年（1830）以后，聚宝门、南门、西门、便门都相继沦陷。二十三年北城复坍陷，拆南北水关以便舟楫。二十五年东北城墙亦圮，仅存东水关。光绪十六年（1890）东水关亦塌入江。[4] 最终在江潮冲击下，“光绪二十一年城陷”[5]，城陷之后瓜洲镇迁移至四里埠，“今之瓜洲镇民居市廛，实昔时附

---

① 宿迁县地名委员会编：《江苏省宿迁县地名录》，1982 年，内部印刷，第 33 页。

② 民国《江都县续志》卷一《地理考第一》，《中国地方志集成・江苏府县志辑》第 67 册，第 343 页。

③ ［清］高晋：《南巡盛典》卷五十三《河防》，文海出版社 1971 年，第 963 页。

④ 民国《江都县续志》卷二上《建置考上》，《中国地方志集成・江苏府县志辑》第 67 册，第 346 页。

⑤ 民国《江都县续志》卷一《地理考》，《中国地方志集成・江苏府县志辑》第 67 册，第 343 页。

近瓜洲之四里埠也”[①](参图1)。

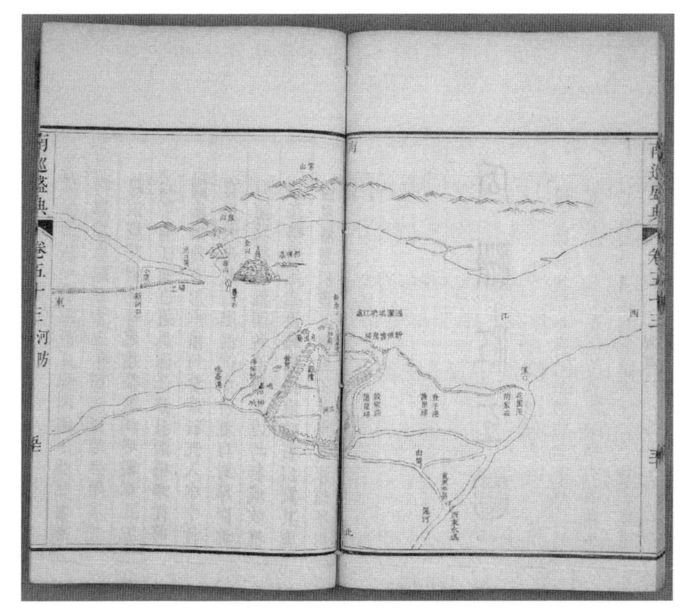

图1　瓜洲江工图
资料来源:《南巡盛典》卷五十三《河防》

沭阳县龙堰集在县西北二十里。光绪二十一年河决,冲为南北二集,南集仍在旧址,北集迁胡安定圩内,二七日逢,南集全废,只存北集。[②] 新挑河集在县西二十里周围北岸,光绪七年河决冲废,迁于胡永定圩内,一三五八日逢。[③]

---

① 民国《江都县续志》卷二上《建置考上》,《中国地方志集成·江苏府县志辑》第67册,第346、347页。

② 民国《重修沭阳县志》卷一《舆地志·建置》乡镇,《中国地方志集成·江苏府县志辑》第57册,第22页。

③ 民国《重修沭阳县志》卷一《舆地志·建置》乡镇,《中国地方志集成·江苏府县志辑》第57册,第23页。

清河县陈家集建于咸丰六年(1856),后一度兴盛,至光绪年间渐衰,“大水之后,迁徙多建筑少,繁盛之区多犁为田,于是市面逐次西移”①。在水患的影响下,陈家集集市不断西移。

第二节 清河县王家营的迁移

明清时期苏北水患对集镇的兴废有很大影响,很多集镇在水患后迁移镇址,这其中又以清河县王家营的迁移较为典型。王家营今名王营镇,为江苏省淮安市淮阴区政府所在地。民国时,里人张震南撰有《王家营志》。张震南(1895—1968),字煦侯,以字行,现代学者,他有着浓厚而深沉的故乡情结,萌生撰著《王家营志》的念头时才二十四五岁,书成稿于1931年,1933年冬印刷。全书近五万字,保存有大量珍贵的史料,被梁启超《中国近三百年学术史》列举为名志。②鉴于王家营的文献较为丰富,故我们以《王家营志》为基础,详细分析水患影响下的王家营迁移过程及影响。

清河县王家营在明清时为淮北巨镇,在县治北五里。明代在各个行省设立卫所,王家营境属大河卫,大河卫辖于中军都督府。嘉靖年间黄河改走小清河口后,王家营地理位置越来越重要,“清(按:指清河县)东壤之冲道,滨河而处”③。民国《王家营志》认

① 张煦侯:《淮阴风土记》,《淮安文献丛刻》第九辑,第461页。

② 荀德麟:《王家营志》前言,载张煦侯编著:《王家营志》,荀德麟点校,《淮安文献丛刻》第二辑,方志出版社2006年版,第177—182页。

③ 光绪《清河县志》卷三《建置·乡镇》,《中国地方志集成·江苏府县志辑》第55册,第867页。

为，“王家营之兴也，其在河、淮交骜之际乎！无河、淮，是无王家营也”[①]。王家营依靠黄河、淮河兴盛，但也易受水患影响，黄河多次决口于此，“万历十九年夏，淮水暴涨，王家营初以河决告。自后讫于清康熙三十二年癸酉，阅年百三，而告决者十有二”[②]。这其中，康熙年间的水患是非常严重的（见表5）。

表5　康熙年间王家营河患年表

河患时间	文献记载	文献来源
康熙元年	夏六月河决王家营口、颜河口	光绪《安东县志》
康熙四年	春旱，夏陨霜雨雹。五月，霪雨六十日，河决吉家口、王家营口、崔镇口，马陵山水至，冲决蔡家口，浸灌县城，四门屯闭。秋七月疾风暴雨大作，自夏村营、蒋管营、石墟、月河湾、五丈河、阜民镇、夏家楼、佛陀矶、岔庙、瓦墟各处平地水涌丈余，伐树拔屋，居民溺死千二百余人	光绪《安东县志》
康熙六年	五月，旱蝗之后，赤地千里，白日间，忽见西北隅水气淼淼，若有巨舰千帆浮空而下，村市惊走。后二十余日，河水大涨，决王家营，冲没民居数百家，四境皆水	光绪《安东县志》
康熙九年	五月水复入治，王家营、五堡、二堡、文华寺先后皆决	光绪《清河县志》
康熙十二年	河决桃源新庄口，并王家营	乾隆《清河县志》
康熙十四年	河决王家营口	民国《王家营志》

① 张煦侯编著：《王家营志》卷一《河渠》，荀德麟点校，《淮安文献丛刻》第二辑，第197页。

② 张煦侯编著：《王家营志》卷一《建置》，荀德麟点校，《淮安文献丛刻》第二辑，第194页。

续 表

河患时间	文献记载	文献来源
康熙十五年	河决张家庄、王家营	光绪《清河县志》
康熙十八年	河决王家营	乾隆《清河县志》
康熙二十七年	秋大水，日崩崖数十丈	乾隆《清河县志》
康熙三十二年	复水	民国《王家营志》

由表中资料可知，河决是王家营水患的重要来源。此外，连续降雨也是其遭受水患的原因之一。康熙年间在多次水患影响下，“由是洪涛所趋，高庳易形，坊市易位，而镇益东”[①]，王家营镇址不断东移。清代康熙年间王家营因水患三次迁移，“王家营盖清东壤之冲道，滨河而处，凡二千余家，五十年间已三迁矣”[②]。

第一次迁移在康熙六年(1667)。光绪《清河县志》认为：“康熙九年河决，镇东迁，荒落。”[③]但民国《王家营志》则认为，“本乾隆《县志》，咸丰《志》疑其误，而改系九年。然证以六年徐越《请分黄疏》谓：王家营现在冲决，每岁如此，今年尤甚云云，则仍以系之六年为是。又乾隆《志》‘祥祲’记王家营初决亦在六年”，并指出“康熙六年之决，民居没于水者数百家，镇东迁，分东西营，衰落过半”[④]。故第一次迁徙应以康熙六年为是。

① 张煦侯编著：《王家营志》卷一《河渠》，荀德麟点校，《淮安文献丛刻》第二辑，第199页。

② 光绪《清河县志》卷三《建置・乡镇》，《中国地方志集成・江苏府县志辑》第55册，第866页。

③ 光绪《清河县志》卷三《建置・乡镇》，《中国地方志集成・江苏府县志辑》第55册，第867页。

④ 张煦侯编著：《王家营志》卷一《建置》，荀德麟点校，《淮安文献丛刻》第二辑，第194页。

第二次迁移在康熙二十七年(1688)。此年秋,“水大至,坊市崩于河。知县管钜请于淮扬道,捐俸买山阳朱生地,东迁里许,期月而民复聚”[①]。具体迁移过程见杨穆撰《重迁王家营碑记》:

独康熙二十七年秋大水,日崩崖数十丈,市井房舍尽入蛟宫,妇子茕茕,向波而泣。其民中宵露处者有之,鸟飞兽散者有之,葱郁之区,几成旷野。事闻邑父母,管公闻之惧,单骑就道,周视原址,祇余茅屋数椽而已。遂聚老少而谋,似非东迁不可。问其地,乃山阳朱生业也。使里正往白之,曰:“否!”又使县尉曲谕之,亦曰:“否!否!”事急,力请督、抚两院并淮扬道胡公。公曰:“安插百姓,招抚流遗,此有司责也。毋负加惠元元至意,急迁如议。”复捐俸以助价,价不足,督宪又命加三十金。盖安众无损一也。侯不自计,竭捐如数,民因得以复聚,或诛茅为屋,或筑堵冯登,或陶瓦成宇。不二月,巍然一巨镇矣。[②]

光绪《清河县志》转述杨穆记载为:

康熙二十七年秋大水,日崩崖数十丈,市井房舍殆尽。管侯闻之,周视原址,聚老少而谋东迁,问其

① 张煦侯编著:《王家营志》卷一《建置》,荀德麟点校,《淮安文献丛刻》第二辑,第194页。

② 张煦侯编著:《王家营志》卷五《古迹》,荀德麟点校,《淮安文献丛刻》第二辑,第253页。

> 地，乃山阳朱生业也。使里正往，白之不可，县尉曲谕亦不可，乃力请淮扬道胡公，公曰招抚流遗有司责也，急迁如议，侯为捐俸购之，民得以复聚，不二月屹然一巨镇矣。①

由碑记和县志文献，可以看出，迁镇之后，王家营又很快兴盛起来。

第三次迁移在康熙三十二年(1693)。王家营又遇水患，知县管钜再次领导迁镇，上书总河，“伐近堤官柳九千而迁焉。不三月，市廛尽复，是为王家营新镇”②。《清河县志》则载：“(康熙)三十三年复水，伐近堤官柳以迁民居，迁之三月不尽。其地北走京师，南船北马，顿宿交易。”③《王家营志》指出应是康熙三十二年。④ 以上两次迁移说明，在市镇迁移中，优秀的领导者非常重要，第二、三次迁移都是在知县管钜的带领下完成的，新镇址确定、买地资金的筹集等问题也在知县的努力下得以解决。

王家营旧镇地理位置在今镇西一里。民国《王家营志》载：“王家营旧镇在今镇西一里许。”⑤《江苏政区通典》也载：“王家营

① 光绪丙子《清河县志》卷三《建置・乡镇》，《中国地方志集成・江苏府县志辑》第55册，第867页。
② 张煦侯编著：《王家营志》卷一《建置》，荀德麟点校，《淮安文献丛刻》第二辑，第194页。
③ 光绪丙子《清河县志》卷三《建置・乡镇》，《中国地方志集成・江苏府县志辑》第55册，第867页。
④ 张煦侯编著：《王家营志》卷一《建置》，荀德麟点校，《淮安文献丛刻》第二辑，第194页。
⑤ 张煦侯编著：《王家营志》卷五《古迹》，荀德麟点校，《淮安文献丛刻》第二辑，第251页。

原址在今镇西坝附近。”[①]

王家营镇受水患影响大，镇址多次变迁。张煦侯指出，据杨穆《重迁王家营碑记》中载“五十年间已三迁矣”，“知前此迁镇之事不自康熙六年始”[②]，但由于历史资料的局限性，我们仅可以了解到清代康熙年间的三次迁移概况。康熙三十二年后，王家营虽仍遭河、淮水患威胁，但治河工程较多，屡建大坝埽工。[③] 至咸丰五年，黄河决河南铜瓦厢，穿山东张秋镇运河，走大清河，由利津入海，彻底解除了对王家营的威胁。黄河北徙，导致“王家营渡口遂成平陆，自非异涨，罕用舟楫”。[④] 王家营自然也不用再因水患而迁移。

第三节　小结

清代苏北水患频仍，集镇或淹没或迁移不在少数。政府对这些遭受水患的集镇处理方式并不一样，一些集镇就此淹没，居民散去，不复存在；一些集镇自发择地聚兴；另一些集镇则在政府主导下选址重建，不久重新兴盛。

---

① 《江苏政区通典》编纂委员会：《江苏政区通典》，中国大百科全书出版社 2007 年版，第 575 页。

② 张煦侯编著：《王家营志》卷一《建置》，荀德麟点校，《淮安文献丛刻》第二辑，第 194 页。

③ 详见张煦侯编著：《王家营志》卷一《河渠》，荀德麟点校，《淮安文献丛刻》第二辑，第 199—202 页。

④ 张煦侯编著：《王家营志》卷一《河渠》，荀德麟点校，《淮安文献丛刻》第二辑，第 203 页。

从清代清河县的一些集镇迁移来看，距离原集镇并不远，一般是在一里左右。原因在于原集镇所在地遭受水患的毁灭打击，集镇无法存在。王家范先生认为，“明清江南市镇是从乡村经济里自然生长出来的”，“是政治行政体制外自行生长出来的东西，是农村商品经济、市场贸易发展的产物”。[①] 这当然主要指太湖流域的集镇。苏北集镇迁移则表明集镇的发展不仅仅是自然生长的，从王家营数次迁移的案例来看，其主导者是当时的知县，即地方政府起着主导作用。这样看来，集镇虽然不是基层政区，但也受到政府的控制或影响，故才能迁徙，而不是原镇废，新镇兴。

集镇迁移重建的过程也是复杂多样的。一些集镇在本县境内迁徙，较为简单。但也有集镇涉及县境变迁，则较为复杂。从上述王家营在康熙二十七年水患后迁移来看，新镇址不仅为山阳县朱生所有，从光绪《清河县志》的记载来看，也应在山阳县境内。[②] 值得我们注意的是，这样的异县购地迁镇是清河县先与地主朱生联系，但朱生并不同意，后知县经请示督、抚两院和淮扬道，得到支持，购买到朱生地后，迁镇才得以实施。这次迁镇购买山阳县地作为镇址，带来山阳和清河两县县界的变化，似乎并不需要事先征得督、抚等地方政府的同意，只需地主同意即可。这显然与我们通常所理解的县界之间的调整方式不同，当时地方政府对土地产权的尊重超出我们的想象。

通过上述探析，可见清代地方政府对集镇的管理仍起着重要

---

① 王家范：《明清江南的“市镇化”》，《东方早报・上海书评》2013 年 7 月 14 日。

② 光绪《清河县志》卷三《建置・乡镇》：“（康熙）二十七年水大至，崩于河，知县管巨买山阳地再东迁里许，民复聚。”（《中国地方志集成・江苏府县志辑》第 55 册，第 867 页）

的主导作用,在水患严重时,会采取迁镇措施,这说明集镇的发展不完全是自发的;地方政府对辖区边界的管理比较松弛,允许异县购地建镇。

第六章

清代政府对沉田赋税的管理
——以江苏、安徽、山东地区为中心

中国自古是一个多灾的国度，水旱频仍，影响巨大。学界对灾荒的研究涉及面很广，灾时救援、灾后赈济都是重要的考察方向。灾后的赋税蠲免是政府经常执行的救灾政策。水旱灾害存在的时间多不长，特别是水患，短则数日，长则数月，基本会退水，田地恢复原状，灾民可以补种或次年再种植庄稼。对于这样的灾害，学界关于政府执行的赋税蠲免政策研究颇多。但由于地理环境的影响，还有些水患是长期的，久不退水，比如历史上有名的黄泛区，就无法耕种甚至居住了。在王莽时期，始建国三年(11)，“河决魏郡，泛清河以东数郡”①，王莽担心堵塞对祖坟有影响，不予堵塞，造成黄河历史上第二次大改道，使受灾地区遭受了近六十年的灾难，直到东汉明帝时期王景治河才得以根治。类似这样长期重大水患的例子历史上还发生过几次。至于地方局部性的长期水患更不少见，主要发生在沿湖、沿江、沿河地带。在这种长期水患的情况下，政府是如何管理这些地区的田地、征收或蠲免赋税的，学界还很少予以讨论。

---

① 《汉书》卷九十九中《王莽传中》，中华书局1962年版，第4127页。

清代以前的水患对地方赋税的影响应该不小，但由于资料缺乏，尚很难探讨上述问题。清代则留有大量的档案和地方志，使我们可以进行初步讨论。

清代前期，政府对赋税制度有两次重大调整，即康熙年间的“永不加赋”和雍正年间的“摊丁入亩”。康熙五十一年（1712）间规定以康熙五十年全国的丁数为准，此后达到成丁年龄的，不再承担丁役，“以后滋生人丁，永不加赋”[①]。雍正二年，开始在全国逐渐推行“摊丁入亩”。可以说，康熙的不加丁赋令，首先使丁银总额固定下来。雍正年间的摊丁入地，利用地亩稳定性的特点，使得康熙年间固定下来的丁银总额更易于征足，为财政收入的充实提供保证，从赋税收入角度来看，清代赋税制度表现出鲜明的定额化特点。[②] “永不加赋”希望通过固定人丁数字的办法，让丁银征收形成常额，可以杜绝官吏溢额上报，减少平民逃避赋役，但实质上没有也不可能把“人丁户口”数字永远固定下来，形成定额，大致上每年人丁数字都会增加。[③] 虽然后来的摊丁入亩改为从较为稳定的地亩数额入手来解决赋税问题，但同样并不能真正使赋税定额。土地田亩虽然较人来说更为稳定，但仍然是有变化的。实际上，清代政府在雍正之后仍然不断调整赋税额度。有学者指出，因土地田亩的变化做出的赋税调整是清朝行政中的经常性内容，而“地亩增减所引起的赋额调整最为频繁的是对土地坍涨

---

① 《清朝文献通考》卷十九《户口一》，第5023页；《圣祖仁皇帝实录》卷二四九，康熙五十一年二月壬午条，《清实录》第6册，中华书局1985年版，第469页。

② 何平：《论清代赋役制度的定额化特点》，《北京社会科学》1997年第2期。

③ 戴辉：《清初赋役制度改革及其弊端》，云南师范大学硕士学位论文，2004年，第12页。

的赋额调整，这也是清朝行政中最为经常的内容。总体上看，只要题奏属实，清政府均准许根据土地坍涨的情况予以调整赋额，坍则减赋，涨则增额。但在实际执行过程中，赋额的调整并不能与土地变动的情况完全吻合。这除了与各级官员的行政勤惰体察民情相关外，还要受到地方绅士胥吏对坍涨情况调查的干扰等方面的影响。这种调整的合理程度是有限的”①。土地田亩减少的一大原因就是自然灾害。水灾、沙灾、地震等自然灾害都可能对地表造成严重破坏，减少耕地。在我国传统耕作区，水灾对耕地的影响最大，会淹没耕地或生成盐碱地，无法正常进行农业生产。

学界对清代赋税政策的变化有大量的研究，但对地方赋税的变动研究不多，特别是对这些赋税变动的驱动力关注不够。有关自然灾害对耕地影响的研究目前也不多见。李德楠、胡克诚是少有的关注沉田的学者，他们考察了清代济宁直隶州的“沉粮地”问题，指出“沉粮地”是一个极具地域特色的概念，全部坐落于大运河以西的山东济宁、鱼台两县，其前身是康熙、乾隆时期的“沉地”“沉田”“水沉地亩”或“水深难涸地亩”，民国初年始见“沉粮地”的称谓。“沉粮地”是官方认定的免税地，乾隆中期两次豁免赋税，赋予了其法定免税的财政属性。② 文章主要探讨了济宁直隶州境的“沉粮地”与南四湖的关系，对于其地方赋税的调整则尚未特别关注。本章希望从江苏、安徽和山东境内的沉田探讨政府赋税的管理变化。

---

① 何平：《清代赋税政策研究：1644—1840年》，中国社会科学出版社1998年版，第148—149页。

② 李德楠、胡克诚：《从良田到泽薮：南四湖“沉粮地”的历史考察》，《中国历史地理论丛》2014年第4期。

第一节 清代苏皖鲁地区的水患与沉田

历史文献中蠲免赋税提到的名词有“沉田”“沉地”“废田”“沉粮地”“水沉地亩”或“水深难涸地亩”等。造成田地荒废的因素很多,水患、沙淹、盐碱化、地震是常见原因。《钦定大清会典则例》载乾隆元年豁除的部分地区赋税时,就提到这些土地荒废有盐碱、飞沙、河坍等原因:“谕:豫省祥符等四十二州县,所有盐碱、飞沙、河坍、水占荒废地亩,既据该抚确勘奏闻,著将额赋永远豁除。钦此。又题准直隶吕家湾等处有粮无地之项及粮存人亡、水冲、沙压并沙石不堪耕种荒地,共九顷六亩零应征之粮,准其豁除。”[①]水患造成的田地荒废不仅数量多,原因也多样。乾隆《江南通志》载:“(江南全省田赋)顺治十四年……节年抛荒、坍江、坍海、迁沙、堤占、水沉田地二万九千二百三十五顷九十二亩有奇。”“康熙二十二年……节年坍荒、开河、堤占、水沉田地一万六千五百八十顷四十六亩八厘有奇。”[②]说明江、海的水患和开堤等都会造成田地荒废。近代以来由于环境污染造成的废地现象更多,不一一举例。从词义范畴来讲,废地包括的对象更多,水沉、沙压都能造成废地。“沉田”“沉地”一般指水患造成的废田,也是本文所指的对象。广东等海边因蚝、蚬生于水底泥滩中,水面根本看不

---

① 《钦定大清会典则例》卷五十三《户部》,《景印文渊阁四库全书》第621册,台湾商务印书馆1986年版,第658页。

② 乾隆《江南通志》卷六十八,《中国地方志集成》省志辑·江南(4),凤凰出版社2011年版,第323、324页。

见什么，也没有界限，故养蚝、蚬的海域也被称为“沉田”[①]，这里不作为考察对象。简要来说，本章所探讨的“沉田”是指那些因水患无法耕种的田地。

从清代留存下来的文献来看，“沉田”“沉地”“沉粮地”等在江苏、安徽、山东三省记载较多，以境内的洪泽湖、微山湖和固城湖地区最为集中。

安徽境内的宿州、灵璧、虹县等地位于洪泽湖西北方。这一地区在明清时期水患特别严重。明代河道总督潘季驯采取“蓄清、刷黄、济运”的治河方针，修筑黄河两岸堤防，堵塞决口，束水攻沙，同时修筑高家堰，逼迫淮水入黄河冲刷泥沙。他大修黄河北岸的太行堤，又修筑黄河南岸堤防，把黄河两岸堤防向下延伸到淮阴。经过他及后来几代河臣的大规模治理，黄河一时趋于稳定。但以后由于河床不断淤高，黄河两岸决口增多。明万历十九年到二十一年（1591—1593），泗州连续三年大水，洪水翻城而下，百姓死者不计其数。康熙十九年（1680）山洪暴发，泗州城被水淹没，迫不得已，寄治在盱眙县的盱山。《清朝文献通考》曾讲到乾隆前期这一地区的水患原因及要开展的水利工程：

> 宿、灵、虹诸州县被水之由，缘豫省商、虞、夏、永四邑之水毕汇于宿州，所恃以宣洩者惟濉河一道。而濉河自徐淮口至符离集七十余里，因上年毛城铺诸闸减洩黄水太多，沙淤平岸，河形全失，濉河既不能容纳，则豫省

① 叶灵凤（署名叶林丰）：《香港方物志》，中华书局（香港）1958年版，第36页。

诸水及宿州诸山水散流漫衍，遂于淮徐口南北分为二股，南一股自张家沟至猪羊山冲断驿路，下至时村由唐沟归入濉河，北一股自牛家楼至大山头高里坝于时村迤下三村归入濉河。臣等议，濉河上段已成平陆，难以施工，拟即就两旁冲出之河形，因势利导分一河为两河，至符离以下仍入于旧河，俾上游散漫之水得以顺轨分流，自符离至灵壁之霸王城百数十里，河身亦间有淤垫，应加挑深通以畅去路，至霸王城以下为灵壁之五湖，从前杨疃、土山、陵子、崔家、孟山五湖原各为一湖，今则连而为一，其地最洼，即多开沟渠亦属无益，不若捐之于水，以为潴蓄之道，其水沉地粮题请豁除。[①]

这里就提到部分区域要“捐之于水，以为潴蓄之道，其水沉地粮题请豁除”，主动造成沉田，并豁除相关赋税。康熙前期，江南江西总督麻勒吉上疏：“为清各省之地等事，该臣看得凤属泗、虹等五州县捏报抛荒田地一案，奉旨敕臣亲勘。臣于九月初九日自淮安起行前往凤属，先抵泗州，至原报开垦及新荒处所，果见一片茅塞，皆成废地。里民鸠形鹄面，呼天怆地，泣诉昔年兴屯开垦皆系捏报，并无实领。屯本人户即将原存屯本扣作屯息还官，而升粮责之见在人口包赔。又兼连年水旱频仍，逃亡甚多，以致另有新荒田地。又勘水沉处，所见一派汪洋，不分亩畔，昔时耕种之地，今皆泛舟而行。咸称因顺治十六年归仁堤决，河淮上涨，平地成湖。臣又抵归仁堤察其形势，原以障黄河东下之水，今冲决百余

---

① 《清朝文献通考》卷八《田赋考八》，乾隆二十二年条，第 4927 页。

丈，波涛汹涌，水势南行，以致泗州近水田地淹没无踪，随由泗以入虹境，勘其捏垦荒地，尽皆榛莽，勘其水荒处所，田沉水底。询据里民哀诉，钱粮包赔，已非一日，致亡人丁有六千八百三十二丁，一并累民赔补。随由虹以至灵璧，由灵以至五河，至怀远，将各处原报开垦之地皆经踏勘，实系荒芜，从前捏报开垦累民赔粮，今查泗虹等五州县捏垦抛荒水沉等地共五千二百余顷。臣俱遍历查勘，村落空虚，人民困苦之状目击心伤，但因钱粮重大，复查从前案卷册籍，详细核对，委无虚饰，并取有各地方官印结在案。臣既经踏勘得实，又复按册查核相符，所当据实上陈，恭候皇恩蠲豁者也。伏乞皇上睿鉴。敕部议覆施行。”[①]凤阳府诸县因顺治十六年堤决水患，造成大片沉田，各处原报开垦之地实际荒芜，当时查出泗虹等五州县有捏垦抛荒水沉等地五千二百余顷。

位于今天江苏、山东交界地方的微山湖，在清代尚由四个湖泊构成——南阳、昭阳、独山、微山，总称南四湖，但已经连成一片，后以名气最大的微山湖取代了南四湖名称。南四湖原为泗河沿线的一片低洼地带，元代开挖大运河后，泗河成为运河河道，但大片湖泊景观尚未出现。根据《山东运河备览》等史料记载，四湖中最早出现的昭阳湖，前身是元代的刁阳湖，初现时周回不过五到七里，位于南阳镇以南，留城以北。明初，昭阳湖周回达到十余里。后因开会通河，设南旺、安山、马场、昭阳四大水柜济运，昭阳湖迅速扩大，弘治年间周回达八十余里。后湖面进一步扩大，到嘉靖四十五年，朱衡开凿南阳新河时，昭阳湖北面已经接近鱼台

---

① 《麻勒吉题蠲荒沉田粮疏》，康熙《凤阳府志》卷三一《艺文志》，“中国方志丛书”华中地方第 697 号，第 2137—2138 页。

县的谷亭镇，与孟阳泊会合。独山湖由山东滕县、鱼台等地的泉水汇聚而成，嘉靖四十五年开凿南阳新河后，新运河以东州县山水被阻隔，湖水面积逐渐扩大，清初达到周回近二百里。明弘治至嘉靖年间，受沙河等淤垫影响，微山岛周围出现了赤山、微山等多个独立小湖泊。万历十九年(1591)大水，微山湖湖面一度扩张，“东则微山、吕孟诸湖，西则马家桥、李家口一带，汇为巨浸”[①]。总河潘季驯主持开李家口河，不久因水患，李家口河淹没于湖中。万历三十一年，黄河大决单县苏家庄及曹县，冲溃沛县四铺口太行堤，灌昭阳湖，“鱼台一县，沦为水国矣。十五社之地，存者一舍有余，八千余顷之田，存者不及千顷，而环城之水高于城者二三尺，堤防垂坏，旦夕不支。议者遂欲将县事改迁他邑”[②]。万历后期泇河开成以后，微山湖成为泇河的主要水源，是“两省第一紧要水柜”[③]。

至清朝初年，统一的微山湖已基本形成，但文献仍习惯沿用各湖原有名称。康熙十九年成书的《山东全河备考》列举了鱼台、沛、滕、峄县接境诸湖 14 个，但指出这些湖虽名称各异，各湖泊之间实际并无限隔。[④] 康熙中期以后，南阳湖水面不断扩大，向北扩展至济宁州境内，大水经久不退，大片田地长期浸没于湖水中。康熙二十三年(1684)，济宁知州吴柽在运河与牛头河之间修筑了

① 民国《沛县志》卷四《河防》，《中国地方志集成・江苏府县志辑》第 63 册，第 42 页。

② 《明神宗实录》卷四〇八，万历三十三年四月己酉条，台湾“中研院”史语所 1962 年校印，第 7607 页。

③ “1808—47［九月初十日(朱批)马慧裕片］”，载水利水电科学研究院编：《清代淮河流域洪涝档案史料》，第 467 页。

④ ［清］叶方恒纂：《山东全河备考》卷二《河渠志上》，《中国水利史典》运河卷二，中国水利水电出版社 2015 年版，第 247 页。

大坝，长1260丈，防止湖水北泛，大坝虽保护了济宁南乡的耕地，但导致了湖水逐渐抬高，沿湖州县农田庐舍被湖水吞没。康熙二十九年济宁西北疏挖了新开河，西部坡水顺河注入南阳湖，使湖面又不断扩大，周围四十多个村庄及大片良田化作沉地。十几年后，大水仍未散去。到济宁任职的张伯行指出，"北河一带每遇天旱，粮船即为浅阻，而济宁、鱼台等处无论旱潦，田沉水底数十年不能耕种"，于是，他"严饬河官不许开利运闸、十字河，而又差人专守利运闸，使水不得南行。又差人守柳林闸板，又尽启十里闸板放水北行，且开八闸月河以放微山湖及昭阳湖、南阳湖之水，所以北河无浅阻之虞，而济宁东南鱼台等处之田尽皆涸出。而不知者犹曰：今年天旱故田地得以涸出。独不思济宁东南及鱼台等处田沉水底已经十数余年矣，岂从前十数余年来尽属雨潦之年乎？"[①]张伯行采取了治河措施，一些沉田才得以涸出。

自康熙后期至乾隆初年，南阳湖湖面随着济宁、鱼台水沉地面积扩大而急剧扩展。乾隆十年(1745)，南阳湖湖水越过旧横坝北漫，淹没济宁南乡四十多个村庄。[②] 乾隆二十一年至二十二年(1756—1757)，黄河在苏鲁交界的孙家集决口，漫入微山湖，殃及运河。鱼台、金乡、济宁、峄县、滕县各村庄"民房被淹，多有倒塌"[③]，后虽经治理，仍再遭水患，形成大片沉田。乾隆二十四年、二十七年(1762)，经抚臣阿尔泰奏明，豁除济宁、鱼台二州县水沉

① [清]张伯行：《居济一得》卷六《治河议》，《景印文渊阁四库全书》第579册，台湾商务印书馆1986年版，第568页。

② 微山县地方志编纂委员会编：《微山县志》，山东人民出版社1997年版，第164页。

③ 乾隆二十一年九月《二十八日河东河道总督白钟山奏请会勘河湖倒漾折》、乾隆二十一年九月《二十八日山东巡抚爱必达奏报鱼台等五州县续报被水坍房缘由折》，《宫中档乾隆朝奏折》第十五辑，台北故宫博物院1982年版，第420、433页。

田地共两千六百余顷。[1]

民国时人对山东境内的湖泊的形成与沉田关系认识极清，指出微山湖“复因黄强泗弱，宣泄不畅，遂成巨浸，世乃以微山湖为名，面积达九十余万亩，实皆鱼沛良田也。自黄河北徙，微山湖本可恢复金元以前之旧，惜黄河故道淤高已甚，不足以资宣泄，而微山湖泄水尾闾如湖口双闸，如荆山桥河（即不牢河）之蔺家坝，皆束缚如故，故湖面之宽大，仍与昔时无异”[2]。即使在清末，耕地仍受水患影响，一些良田淹没为湖，“东平一县本处于大清河中游，自黄河北徙夺大清河故道入海，大清河来水遂郁聚于县城之西北，成为巨浸，名虽为湖，实皆陇亩也。每年黄河涨发，倒灌复巨，以致湖面日渐增广。近数年来人民自动建筑堤埝，以资范束，然一遇汛期，动辄溃决。湖中深处之村民，泰半均远赴山海关外谋生，惟少数人民犹恋而勿去，因无田可耕，故只以捕鱼为业”[3]，只是这些沉田数据尚不为人知晓。

第二节　清代沉田的蠲免冬勘政策

沉田导致地方赋税征收困难，统治者肯定是心有不甘，不愿

---

① 乾隆二十八年十二月《十二日山东巡抚崔应阶奏为筹消济鱼积水请挑荆山桥旧河以奠民生折》，《宫中档乾隆朝奏折》第二十辑，台北故宫博物院 1982 年版，第 44 页。

② 汪胡桢：《整理运河工程计划书》附录《寅　黄淮段运河整理计划初步报告》，《中国水利史典》运河卷二，第 545 页。

③ 汪胡桢：《整理运河工程计划书》附录《寅　黄淮段运河整理计划初步报告》，《中国水利史典》运河卷二，第 545 页。

放弃这部分土地的收益。如何管理这些沉田，征收或蠲免沉田赋税，有些地方志予以详细记载。

江苏省桃源县的陆、吴两乡共有粮田两千七百余顷，逼近洪泽湖，“岁岁淹没，竟沉水底，居民逃窜，钱粮逋欠，官民受累”，县令杜学林于康熙四十二年（1703）具文申详各宪，又有灾民王永泰、周延祚等呼吁江苏巡抚宋荦，宋荦派人勘验，题请豁免。康熙命河督张鹏翮查验，“河宪张于康熙四十三年具情入告，疏内并叙原呈，荷蒙圣祖仁皇帝睿鉴，准其豁免，遂成冬勘，民困得苏”[①]。这些沉田经过县令和灾民的呈文申告，复经江苏巡抚、河道总督的查验，但需要进行冬勘。[②] 这些沉田具体是指：“康熙四十二年详明湖水渰田等事案内具题，蠲免陆城、吴城两乡内渰沉淤地二百六十三顷八十四亩八分，沙地二百九十一顷二十三亩三分，冈地六百一十三顷八十七亩三分，邻水地二十二顷六十七亩四分，灾熟地四百七十顷二十一亩一分，灾荒地九百六十七顷四十三亩六分，以上共蠲除地二千六百二十九顷二十七亩五分。”特别值得注意的是，相关史料又指出：“查康熙二十年，府院慕有微臣目睹等事一疏内，题明自康熙十三年为始，渰地溺丁现在停蠲等案于每年冬委官勘粮，如有涸出田地，俱于三年后起科，其丁银则本年起征。故此详明湖水渰田一案，虽停蠲免征，尚在岁勘结报之内，后于雍正四年，河院齐题川泽效益等事案内复分别起科。至抚院

① 《永沉题豁归冬勘疏由（呈附）》，乾隆《重修桃源县志》卷九《艺文上》，《中国地方志集成·江苏府县志辑》第57册，第599—600页。

② 民国《泗阳县志》卷三《大事》认为，康熙四十一年“蠲除吴、陆两乡渰沉田地入冬勘案停征”，时间不确，《中国地方志集成·江苏府县志辑》第56册，第171页。

尹入奏，始蒙永豁云。”[①]这段史料详细概括了沉田管理的四个主要变迁：(1)自康熙十三年(1674)开始，滰地停蠲事宜需每年冬季委官勘粮，如果发现有涸出田地，丁银当年起征，田额三年后起科；(2)康熙四十二年桃源县陆、吴两乡沉田蠲免需冬勘；(3)雍正四年(1726)开始分别起科；(4)雍正八年经江苏巡抚尹继善奏报，才最终局部得到永行豁免。从制度的角度来看，康熙十三年就已经开始施行冬勘了，对冬勘的结果也有相应规定，滰则蠲免，涸则丁银当年起征，田额三年后起科。

冬勘后如果确实有涸出情况，田地会重新纳入赋税系统。江苏省睢宁县就发生这样的案例。康熙七年以后，水患异常，田地荒芜，特别是县域南部东西一百余里、南北三四十里的范围，已成废地。康熙二十八年正月，士民张腾蛟叩阍上疏，请求豁除废地。经查核，“康熙三十年十二月户部议奏，蠲免滨河失业并小河废地共二千二百三十九顷四十五亩七分七厘”，而之前睢宁县共有田地一万一千六百四十四顷七十一亩二厘七毫四忽，废地就占了19%。这个数额无疑对于政府财政有很大影响，所以，政府对于废地是要加强管理监察的，于是也施行了冬勘。“康熙三十三年冬勘报涸，于三十四年起征地二十七顷六十六亩七分九厘二毫；又除三十五年勘报涸出，于三十六年起征地六十二顷七十三亩二分；又除三十六年勘报涸出，于三十七年起征地三十六顷二十八亩；又除三十七年勘报涸出，于三十八年起征地二顷二十亩五分；又除三十八年勘报涸出，于三十九年起征地一顷八十三亩八分九

---

① 乾隆《重修桃源县志》卷三《田赋上》，《中国地方志集成·江苏府县志辑》第57册，第537—538页。

厘;又除五十二年报涸,于五十三年起征地二顷一亩九分六厘;又除五十五年报涸,于五十六年起征地十八顷二亩八分二厘。实核该废地二千八十八顷六十八亩六分八毫。"①经过多年的冬勘,到康熙末,睢宁县的废地就稳定下来,为 2 088.686 8 顷,仍占康熙前期田额的 17.9%。

乾隆五年(1740)撰修的《沛县志》记载:

> 国朝原额成熟田地一万四千五百三十顷二十五亩八厘九毫二丝六忽五微四纤。……康熙四十六年,沛民王学儒等叩阍,奉总河、抚院遵旨饬查,实在水沉地一千二百六十八顷七十六亩六分六厘五毫九丝,屡经议覆,照海滩例每顷征银二钱八分。至雍正四年奉户部议定,每年冬月委道员查勘,冬涸赋全征,冬渰赋税全蠲。雍正四五六七八九年冬勘全渰,除水沉外,实在成熟田地一万二千三百六十五顷四十八亩四分二厘三毫三丝六忽五微四纤八沙。……雍正四年奉准部覆内开康熙四十六年沛民王学儒等叩请豁昭阳湖水沉田地二千一百六十八顷七十六亩六分六厘五毫九丝,定为各勘之例,涸则次年全征,渰则全蠲,每年遇闰应蠲银三千二百七十五两六钱四分六厘二毫六丝八忽九微八纤五沙四尘一渺一漠四埃二逡四巡,本色麦折银一百一十八两三钱七分八厘一毫五丝二忽一微三纤四尘一漠三埃一逡四

① 光绪《睢宁县志稿》卷十三《田赋志》,《中国地方志集成·江苏府县志辑》第 65 册,第 433、434 页。

巡；不闰月之年，水沉地内应蠲银三千二百六十八两六钱六分五厘三毫一丝四忽五微八纤三沙四渺四漠一埃一逡一巡，本色麦折银一百一十八两三钱七分八厘一毫零。康熙五十一年起至乾隆二年俱以报完扣除。[①]

从上文我们可以了解，清初沛县成熟额地已经较明代大为减少，民国《沛县志》指出："清初，沛县成熟额地一万四千五百三十顷二十五亩，比明代成数缩减三千三百九十一顷九十六亩，其故无考。康熙四十六年，沛民王学儒等以水沉地亩叩阍，奉旨查明实在水沉地亩一千二百六十八顷七十六亩六分六厘五毫九丝，议照海滩例每顷征银二钱八分。"[②]康熙二十二年起至四十六年(1683—1707)额地没有坍荒增升，但应该开始受到水患影响，出现沉田。因政府对沉田仍照常征税，故才出现沛县王学儒请求减免赋税。政府经过多次考虑，不是直接豁免赋税，而是选择照海滩例每顷征银二钱八分。沛县东临昭阳湖，并不靠海，是无法在沉田进行大规模蚝蚬或其他高效渔业养殖的，只能种芦苇等水生植物，这个赋税实际是有些沉重。从沛县的案例来看，上文提到康熙十三年施行的冬勘政策，可能执行得不彻底，并没有全面推行。雍正四年，经过户部议定，施行冬勘政策，每年冬月委派道员查勘，冬月涸出赋税全部征收，如果冬月仍潦，则赋税全蠲。沉田冬勘政策由此在清代确立，经常实行。

---

① 乾隆《沛县志》卷二《建置志・赋役》，《故宫珍本丛刊》第91册，海南出版社2001年版，第133—135页。

② 民国《沛县志》卷十一《田赋志》，《中国地方志集成・江苏府县志辑》第63册，第135页。

《钦定大清会典则例》载:“(雍正五年)又覆准江南沿江滨海田地,潮水冲激,沙土不免坍涨,居民于新涨地内开垦成田,久不升科,而所坍田地旧额犹存,行令督抚择委贤员清丈,新垦者令据实确报升科,果系无田输赋者准予开除,其余凡有此等田地均令清丈。六年覆准,沿江滨海淤涨地亩五年一丈,新垦者升科,坍塌者除赋。”[①]说明清代淤地和沉田普遍存在,但政府的管理相对滞后,经常是新淤地开垦后没有及时升科,而沉田仍征收赋税,所以雍正六年(1728)特命沿江滨海地区的田地要每五年清丈,新垦的田地及时升科,坍塌的田地也要及时除赋。

《清高宗实录》载乾隆元年:“免江苏宿迁、睢宁、桃源三县涸复改科及上年淤地未完额赋。谕曰:朕闻江南淮安府属之桃源县、徐州府属之宿迁县、睢宁县,滨临黄河,沿河地亩,淹涸靡常。雍正五年,因朱家口溃决之水复循故道,其旧淹田地始得涸出。而河臣为地棍所欺,遂以此地为新淤之腴产。睢宁县报升地五千三十九顷,宿迁县报升地四千七十二顷,桃源县报升地三千八百四十二顷。嗣蒙皇考世宗宪皇帝勤求民隐,特颁谕旨,以淤地勘报不实,令河臣会同督臣委员查勘,共豁地七千二百余顷。万民感颂。所有存留地五千七百余顷,俱照各县成例折算实地三千五百余顷,科则亦经减轻……著将宿迁、睢宁、桃源三县现存新淤涸复改科地粮额征银六千五百四两,全行豁免。其雍正十三年淤地未完钱粮,亦免征收。至水沉地亩仍照例归于每年冬勘。该部即遵谕行。”[②]不仅指出当地政府勘报不实,不能将沉田和新淤地混

---

① 《钦定大清会典则例》卷三十五《户部》,《景印文渊阁四库全书》第621册,第82页。

② 《高宗纯皇帝实录》卷十三,乾隆元年二月庚辰条,《清实录》第9册,中华书局1985年版,第376—377页。

淆，而且强调沉田要每年冬勘。

从档案资料来看，沉田冬勘政策在清代雍正、乾隆年间一直执行。雍正十二年(1734)冬委淮徐道吕维炳督同府县亲勘查明沛县昭阳湖水沉田地二千一百六十八顷七十六亩六分零。[①] 乾隆六年(1741)讷亲上户部题本："今该本使司安宁查得沛县昭阳湖水沉田地乾隆五年冬勘……覆查乾隆五年分冬勘，昭阳湖元报水沉田地二千一百六十八顷七十六亩六分六厘五毫零，共应蠲免折色起存等银三千二百七十五两六钱四分六厘二毫零，漕粮漕赠米一千二百一十八石六斗五升六合三勺零……查沛县昭阳湖水沉田地于雍正四年题准，每年冬勘，涸则征科，淹则题请蠲免等因，遵照在案。今乾隆五年冬勘，该抚陈大受既经委员勘明仍被水淹取结，会同前属督臣杨超曾等合词保题，所有折色起存地漕等银三千二百七十五两六钱四分零，漕粮漕赠米一千二百一十八石六斗五升零，麦二百三十六石七千五升零，应照例准其豁免，仍令该抚陈大受将免过银米麦石分晰，细数造册，咨送臣部查核，并出示晓谕，务使小民得沾实惠。倘有私自征收侵隐入己情弊，该督即行指参可也。臣等未敢擅便谨题请旨。"[②]江苏地方政府不仅在乾隆五年执行了冬勘政策，还回顾说明这个政策从雍正四年题准实行。

乾隆年间，《清实录》多次记载对沉田实行冬勘，涸则征收，淹

① 张廷玉、海望：《题为遵议江苏省勘明雍正十二年沛县昭阳湖水沉田地实系仍淹请旨豁免地丁等钱粮事》，乾隆元年五月二十七日，户科题本，档号：02－01－04－12824－001，缩微号：02－01－04－07－001－2266，中国第一历史档案馆藏。

② 议政大臣协理户部事务讷亲：《题为遵议苏抚陈大受题勘明沛县昭阳湖水沉田地请蠲地漕钱粮事》，乾隆六年十二月初七日，户科题本，档号：02－0－04－13352－008，缩微号：02－01－04－07－082－0650，中国第一历史档案馆藏。

则豁免。乾隆二十年(1755)“户部议准,江苏巡抚庄有恭奏称,宿迁县骆马湖水沉地租银四十二两零,向分别河滩,于额征银数内征解,查此地涸涨不常,请从乾隆二十年起归入冬勘,有涸征收,无则请免。从之”①。甚至到清末,对于沉涸不定的湖田仍施行每年清丈,“各湖地势卑洼,每遇汶、运两河水涨,尽成泽国。常有已丈之地因水退沙停,变为石田者,有未丈之地因水涸土淤渐成沃壤者,是以每年丈苗验地,岁收租价多寡未可豫定,即已丈顷亩亦不能视为永久之确数也”②。江苏境内,“微山湖为济运水柜,每遇雨泽稀少之年,潴水不满,涸出湖边坡岸,附近居民播种麦苗,俟成熟后,由徐州道派员董弹压,设局丈苗收租,除催租员董二成经费外,每年约收钱三万六千余串充地方公用”③。这说明在清末政府对受水患影响的田地管理十分严格,每年会清丈收租。

第三节　清代沉田的永行豁免政策

虽然很多遭遇水患后的田地之后会陆续退水,“涸出”后重新可以耕种,甚至又成为良田,但仍有不少地区由于地理环境的影

---

① 《高宗纯皇帝实录》卷五〇二,乾隆二十年十二月辛丑条,《清实录》第15册,中华书局1986年版,第323页。

② 《山东清理财政局编订全省财政说明书》第二款第十一项“湖田租价”,宣统年间铅印本,载《清末民国财政史料辑刊》第14册,北京图书馆出版社2007年版,第68页。

③ 《江苏宁属财政说明书》第四十五章“铜沛新涸湖租”,经济学会铅印本,《续编清代稿抄本》第99册,广东人民出版社2007年版,第77页。

响,久不退水,成为湖泊。如何处理这类田地的赋税问题,就成为地方政府的难题。由于赋税是政府收入的基础,政府是不会愿意长时期减免赋税的。史料所见,对于这类长时间的“沉田”,政府的通行做法是继续收税。

没有土地耕种,衣食无着,灾民本已难以生存,自然更难以承担赋税。于是灾民与政府之间出现长时间的斗争。明代即有此类情况。正德年间,为保太湖流域免受水患,加高东坝三丈,使高淳境内水位抬高,全县沉田十万多亩,但粮赋、力役、里甲费长期不减,每年负担“虚粮”八千五百多石,“嘉隆年间奏告七次,勘议十数番,迄无定论。万历二十四年,比照嘉定县事例,准永折省除轻斋等项米五千余石,少补虚粮”[①]。隆庆四年(1570)丈量实田地山塘沟池潭坝象场草荡共七十三万六千一百七亩八分二厘一毫六丝七忽[②],以此计算,则当时沉田约占13.65%。高淳的沉田赋税问题直到清代乾隆二年“七月,学录孔传煜等具呈请豁摊带湖粮积累,知县梁加看,查得卑邑处徽宣诸郡之尾闾,形势低洼,全赖广通镇一河宣洩。自正德间筑坝高厚,滴水不洩,三湖水势泛滥,膴膴原田尽成巨浸,于是沉田,业户相率逃亡……迨本朝,各院合题将粮米改折,但卑邑地瘠民贫,从前定额六升六合,实为至当,今额外每亩加增二升,情虽急公,力为艰惫。近蒙宪皇帝谕旨,裁免苏松浮粮四十五万两以舒民力,江省尚有浮多之处,着加恩免额征粮二十万两,务使均匀,俾民得沾实惠。卑邑所有沉田

---

① 《改折漕粮缘由》,民国《高淳县志》卷八《赋考上》,《中国地方志集成·江苏府县志辑》第34册,江苏古籍出版社1991年版,第104页。

② 《改折漕粮缘由》,民国《高淳县志》卷七《赋役·土田》,《中国地方志集成·江苏府县志辑》第34册,第90页。

十万五十亩浮粮，应钦遵谕旨在二十万两之内一体邀恩，以苏积困。事详各宪，未蒙准行”[①]，仍未能解决。桃源县也是如此。“万历五年，偶因十三湖荡暂涸可耕，议加漕米至九千六百有奇，较旧制三千之数添两倍。后水患仍旧成湖，漕米一成不减”[②]，县民遂上奏，希望得到蠲豁。

清代初期，对于一些沉田，《清实录》记载户部豁免赋税是比较慷慨的。康熙八年（1669）十二月：“甲戌，户部题江南泗州、虹县等五州县，从前捏报开垦地亩及见被水沉地亩，共五千二百九十六顷，此二项钱粮请永行豁免。从之。”[③]对于这次洪泽湖地区的五州县从前捏报开垦地亩及沉田 5 296 顷蠲免，这背后是否有长期的斗争，我们不得而知，但从其他案例来看，斗争很激烈。

睢宁县境内的水沉田赋税就是经过知县的两次申请，方得以豁免。据《睢宁县旧志》载，“睢宁县水沉地亩顺治十六年巡按马清查之时，偶尔干涸，遂行题报起科，旋复水沉，难以耕种，穷民实难包赔，应请除豁以苏民困等因。康熙五年正月二十二日奉旨，该部知道抄出到部，本年二月初八日户部疏覆，查得睢宁县水沉地亩，两次该抚题请蠲免，臣部覆令江南江西总督郎会同凤抚张具题前来备查。睢宁县额外水沉荒地四千一百三十三顷零，原系顺治十六年清丈，应于十七年起科，银七千六百三十两零，米五百四十石零，查顺治十七年钱粮全未完，其顺治十八年至康熙二年

---

① 《请免固城湖沉没田地摊带钱粮案宗》，民国《高淳县志》卷九《赋考下》，《中国地方志集成·江苏府县志辑》第 34 册，第 117 页。

② 《灾民韩应春奏疏》，乾隆《重修桃源县志》卷九《艺文上》，《中国地方志集成·江苏府县志辑》第 57 册，第 599 页。

③ 《圣祖仁皇帝实录》卷三十一，康熙八年十二月甲戌条，《清实录》第 4 册，中华书局 1985 年版，第 426 页。

钱粮，臣部节次行查该抚，因此地水沉未报有完欠，至于康熙三年分钱除完过一半，今据督抚会同踏看，实系水沉，穷民包赔，取据印结题报，相应准蠲。奉旨准行。本年四月初六日奉布政司牌行到县，将水沉荒地尽行除豁”[①]。顺治十六年春大旱，境内五湖七港尽行干涸，苏松巡按马腾升委员清丈，对原沉田予以升科，但当年秋即涝，新升科之地又成沉田。但赋税不减，灾民逃亡。直到康熙三年（1664）知县石之玫上任，勘明情况，层层上报，淮安府委托邳州知州踏勘，确系水沉田亩，经凤阳巡抚题请蠲免，但部议不允，令巡抚照旧征输。康熙四年，石之玫再次向凤阳巡抚汇报，特指出“睢邑久沉久荒额外升科之地，非与他邑额内暂荒者相等”，经凤阳巡抚再次上疏题请部覆，部议请江南江西总督会同凤阳巡抚勘查，方得以豁免。[②] 睢宁县的案例一方面说明沉田豁免之难，另一方面也可从中看出沉田除豁需要知县向知府、道员、巡抚甚至清代前期存在的介于府、县之间的属州知州层层汇报，由巡抚授权道、府、属州派人勘查，朝廷如果不相信勘查结果，甚至会要求总督、巡抚会同勘查，足见朝廷对沉田的管理非常重视，不愿轻易放弃赋税征收。

当然，地方大员在申报沉田勘明难以涸复时，有时也能很快得到豁免。乾隆二十六年，“户部议准，前署两江总督高晋等疏称，山阳、阜宁、清河、桃源、安东、盐城、高邮、泰州、甘泉、兴化、宝应、铜山、沛县、萧县、砀山、邳州、宿迁、睢宁、徐州卫、海州、沭阳等二十一州县卫，勘明水沉地亩，终难涸复，请自本年为始减征民

---

① 康熙《睢宁县旧志》卷四《田赋》，“中国方志丛书”华中地方第 131 号，成文出版社 1974 年版，第 208、209 页。

② 康熙《睢宁县旧志》卷四《田赋》，“中国方志丛书”华中地方第 131 号，第 197—210 页。

屯田地一万四千六百一十顷有奇，并豁民屯学田湖荡草滩四千七百六十顷有奇额赋。其逐年冬勘田亩应征银米并豁免其冬勘。从之”[1]。这些沉田数量达到一万四千余顷，经前署两江总督高晋疏请，不再实行冬勘，直接豁免额赋。

乾隆二十五年所立的《名传后世》碑（又称沉粮碑），是为纪念山东济宁直隶州秀才刘英儒而立。他为当地的沉粮地免除赋税而奔走多年，最终在乾隆二十四年得以成功。刘英儒（1717—1760），清济宁直隶州刘桥（今微山县刘桥村）人。乾隆七年黄河决溢铜山石林、黄村二口，向东冲沛县缕堤，注微山湖，济宁南部刘桥、谭村寺等五十多个村庄被淹，济宁知州不仅不放粮赈济，反而依旧征收赋税，灾民背井离乡，怨声载道。时身为乡间秀才的刘英儒，决计为民请命。于是书成诉状，筹集盘缠，徒步到济宁直隶州闯衙击鼓投状。因州衙不理，他便连续两年不断投诉。知州见其执着，遂受理，后暂准受灾沉粮地免征税。但沉粮地长久不纳税，须经朝廷奏准决断。为此，他又越衙赴京请命。他在京城辗转投诉三年后，被乾隆帝得知，乾隆帝甚为惊讶，即“命巡抚部院覆案审理”。至乾隆二十四年，“奉准部覆而竭此案，始克告成”。碑文记载了乾隆年间随着南四湖的扩大而沉入湖中的五处地方、五十个村庄的名字：“如我济之南乡、谭村寺五处地方，地势洼下，接年水淹。自乾隆十年至今未涸，陆地变沧海，良田俨若泽国。”[2]

---

① 《高宗纯皇帝实录》卷六四九，乾隆二十六年十一月辛亥条，《清实录》第 17 册，第 260 页。

② 《名传后世》碑文，引自刘宗权：《刘英儒宪控沉粮》，载中国人民政治协商会议微山县委员会文史资料委员会编：《微山文史资料》第 2 辑，1988 年，内部印刷，第 67 页。

济宁直隶州之所以会有大面积的沉粮地，是因为济宁州的东面是运河大堤，南面是南阳湖和昭阳湖，西面是众多携带大量泥沙入湖泊的河流。湖泊受到泥沙的沉积，不断淤高，每逢夏秋之际，雨水增多，湖泊水位不断增高，湖泊面积扩大，侵害周围农田，形成了沉粮地。正如民国《济宁县志》所认为："济宁沉粮灾区，东临运堤，南枕南阳、昭阳二湖，其西又有长澹、顾儿、苜蓿、赵王、牛头等河流夹带泥沙，湖底因淤垫乃日高，辄易顶托上游，其流遂为之不畅。每值夏秋淫潦荡潏，盈田而层积，涕泣之波，顿失所归，岁酿灾侵，十不一稔。"故在此情形下，"经勘议书请豁除粮赋，以恤民艰"。①

民国《济宁直隶州续志》关于沉粮地的范围面积及形成过程有具体的记载：

沉粮地前志只载水深难涸地亩，未经分晰。兹查济宁南牛头河、北牛头河、张家堰、谭村寺、师庄五地方四十村庄，计地三百九十六顷七十九亩，及鱼台县地五百九十五顷，于乾隆二十四年告沉。济宁前五地方并杨郭庄、石佛、新店、新闸、仲家浅、鲁桥、枣林十二地方四十四村庄，计地九百六十八顷四十八亩，鱼台县地一百零三村庄计地七百零八顷八十七亩，二十六年又复告沉。三年内济宁告沉地八十四村，一千三百六十五顷二十七亩，鱼台共沉地一千三百零三顷八十七亩，通共沉地二

① 民国《济宁县志》卷二《法制略》，《中国地方志集成·山东府县志辑》第78册，凤凰出版社2008年版，第40页。

千六百六十九顷十三亩。先是康熙二十三年南阳湖水北泛,知州吴柽于鱼台境内湖岸之北筑横坝阻之。乾隆二十年后,横坝不能阻水,复自枣林闸北西至秦家庄筑新横坝,已在谭村寺北,足征其地已多沉没。次年,河次徐州孙家集,环鱼台城,河督白钟山请于徐州黄河北岸无堤处设法堵截,未果行。二十三年又于微山湖南筑拦黄坝。初湖口入运处于内华山西设闸储水,湖益壅,于是遂有二十四年告沉之事。二十八年大濬荆山桥河。嘉庆二年再谕疏浚以开微山湖去路,盛洩涨水,沉地旋涸。洎蔺家坝筑,微湖再塞。咸丰元年丰县河决,复灌微湖,泛滥北上,涸地再沉。此后黄河北徙,漕运停顿,浊、洸再灌,泗、洳并高,诸湖悉淤,而河工人员犹守黄河在南例案,务使微山湖常年蓄水丈余,始能济高亢近山之洳河。盖自嘉庆二年自今一百二十六年,荆山湖永不再濬,蔺家坝永不再开,而济宁鱼台之沉粮地亦永不再复。即从咸丰元年计之,亦已七十二年矣。近闻水中洲渚尚有孑遗,樵苇捕鱼,自谋生活,间遇亢旱连年,地亦时或涸出,农民不肯弃地,犹思及时种麦以冀幸获,然必次年再旱始得丰收一季,稍遇微雨,上游水来,则并籽种资力而悉丧之,其后谋开稻田卒无成效。[1]

康熙二十三年,济宁州知州吴柽为防止南阳湖水侵害鱼台

① 民国《济宁直隶州续志》卷四之一《食货志》,《中国地方志集成·山东府县志辑》第77册,凤凰出版社2008年版,第302页。

县，在南阳湖北岸的鱼台县境内筑起了横坝阻水，到乾隆二十年之时，由于南阳湖的北溢，横坝已破损，失去阻水的功效。此时，位于济宁州东南部的谭村寺已有土地沉没。乾隆二十三年(1758)在微山湖南筑起了新横坝，但是湖水继续淤高泛滥，于是就有了乾隆二十四年济宁与鱼台的田地首次告沉之事。嘉庆二年(1797)曾因为疏浚荆山桥河道，微山湖水得以暂时不再泛滥，沉粮地也暂时干涸。咸丰时期黄河不断决口，湖面再次因为河水的汇入而不断淤高，河工为了保障作为航运要道的洳河能够有充足的水源，使微山湖常年保持高于黄河丈余的高度，济宁和鱼台的沉粮地再也没有干涸过。很多百姓仍然生活在湖中的洲渚之上，偶尔湖水稍降露出干涸地亩即耕种，若来年继续干涸则能够收获一季，一旦有降雨出现，就等于白白损失了种子。济宁州在康熙初期共有成熟地 9 566 顷 42 亩 6 分 7 厘，则沉粮地占 14.27%。① 鱼台县在清初原有征粮地 10 028 顷 98 亩 1 分 2 厘，则两次沉粮地共占原征粮地的 13%。②

下表 6、7 是根据民国《济宁直隶州续志》的记载重新整理的济宁州和鱼台县沉粮地亩数及村庄户数表。由下表我们可以看出，济宁州和鱼台县的沉粮地范围比较集中，大致位于济宁州东南部，运河、南阳湖以西，牛头河以东的区域。根据统计，济宁州和鱼台县有记载的有 143 个村庄，共计 2 669 顷 13 亩土地沉入湖中。“沉粮地告沉蠲赋，远在前清乾隆年间(西历一千七百六十年)，距今百五六十年，浸水既久，无利可资，主户变迁，无从究诘，

① 道光《济宁直隶州志(一)》，《中国地方志集成・山东府县志辑》第 76 册，第 126 页。
② 光绪《鱼台县志》卷一《田亩》，《中国地方志集成・山东府县志辑》第 79 册，第 67 页。

殆已成为无主之公田。”[①]这些村庄土地沉入湖中，使得济宁州境和鱼台县境耕地面积减小，湖域面积扩大。经过不断的斗争，直到民国时期才最终被宣布成为“沉粮地”，也意味着政府对此完全放弃了赋税要求（见表6、表7）。

表6 济宁州境沉粮地亩数及村庄户数表

地方	北牛头河	南牛头河	张家堰	谭村寺	师庄	鲁桥	杨郭庄	石佛	新店	新闸	仲家浅	枣林
位置	城东南二十里	城东南五十里	城东南五十五里	城东南十一里	城东南四十六里	城东南六十里	城东南二十里	城东南十二里	城东南三十里	城东南三十六里	城东南四十里	城东南六十六里
乾隆二十四年亩数	107顷32亩	47顷88亩	83顷30亩	95顷96亩	93亩	61顷40亩	—	—	—	—	—	—
乾隆二十六年亩数	131顷60亩	301顷7亩	3顷99亩	6顷81亩	13顷81亩	15顷69亩	137顷21亩	42顷83亩	85顷40亩	73顷97亩	150顷34亩	5顷76亩
总计	398顷92亩	348顷95亩	87顷29亩	102顷77亩	14顷74亩	77顷9亩	137顷21亩	42顷83亩	85顷40亩	73顷97亩	150顷34亩	5顷76亩
已沉户数	503	548	148	314	61	650	134	252	102	—	268	155
附注	凡二十六庄全沉	凡二十一庄沉	凡五庄全沉	凡十一庄沉十庄	凡二庄沉一庄	凡十六庄沉九庄	凡二庄全沉	凡三庄沉一庄	凡二庄沉一庄	—	凡五庄沉三庄	凡二庄沉一庄
本州沉粮地共十二地方八十一庄，计地一千三百六十五顷二十七亩，约计三千一百八十三户												

① 潘复：《山东南运湖河水利报告录要》之“南运湖河水利涸复田亩利益说明书”，《中国水利史典》运河卷二，第659页。

表7　鱼台沉粮地村庄表

地方	荷水以北	荷水以南西支河以西	西支河以东东支河北	东支河东南
附注	十一庄	四庄	三十三庄	十四庄
鱼台沉粮地可知者六十二庄，计地一千三百零三顷八十七亩，户数无考①				

济宁州除了存在沉粮地外，还存在一些缓征地。缓征地指"惟中岁收麦一季，甚旱可望有秋，潦则并麦亦无。十年之中常缓征六七年。缓征岁亦不同，故无确定数目，仅水利局所测绘沉粮地图，识其界地村庄而已……征地共占地方十村庄三十二，除登丰里全地方在界内，其余有及半者有仅及一二庄者，多受洙泗上游西南奔注之害，而泗水为尤甚"②。这些缓征地实际是容易涸复的沉田，天旱涸复时可能有收，雨涝无收时就免赋税。

为了解决河患，在开挖水利工程时，政府会主动造成沉田，比较容易豁除赋税。《清代文献通考》载乾隆二十二年（1757）议论濉河工程时，提出"至霸王城以下为灵壁之五湖，从前杨疃、土山、陵子、崔家、孟山五湖原各为一湖，今则连而为一，其地最洼，即多开沟渠亦属无益，不若捐之于水，以为潴蓄之道，其水沉地粮题请豁除"③，即让灵壁县五湖地区承担水柜的功能，造成的沉田粮予

① 《鱼台沉粮地村庄表》原文为"计地一千零三顷八十三亩"，见民国《济宁直隶州续志》卷四之一《食货志》，《中国地方志集成·山东府县志辑》第77册，第302页。但同页又载"沉粮地占二州县十五地方可知者一百四十三庄，计地二千六百六十九顷十三亩"，此数据是根据济宁州沉粮地一千三百六十五顷二十七亩、鱼台县沉粮地一千三百零三顷八十七亩相加而得，故《鱼台沉粮地村庄表》原文数据有误，本表修正。

② 民国《济宁直隶州续志》卷四之一《食货志》，《中国地方志集成·山东府县志辑》第77册，第303页。

③ 《清朝文献通考》卷八《田赋考》，第4927页。

以豁除。因为这是政府工程,很容易得到执行。乾隆二十三年即“豁除江南灵壁县五湖水沉地额征钱粮。灵壁县五湖田地最低极洼波淹之区,水深难涸,应纳粮地二千五百七十八顷五十余亩,额征折色银二千八百九十五两有奇,米三百一十石有奇,令永行豁除”[①]。这样的案例不在少数。

第四节　小结

清代由于水患而造成的沉田颇多,存在的时间长短不一。政府对沉田一般采取不抛弃、不放弃的态度予以管理。对于能够涸复的沉田,政府在勘明情况后,或是减少赋税,或是免除赋税,但实行冬勘政策,确定是否继续蠲免赋税。对于难以涸复的沉田,经过当地民众的斗争,或是当地政府的申报,朝廷可能实行永行豁免政策,放弃对这些沉田的赋税要求。对于一些因为修建水利工程造成的沉田,朝廷则会主动积极豁免赋税。

虽然目前有一些档案、方志甚至是《实录》记述了清代沉田问题,但详细资料仍很欠缺,我们难以窥伺全貌。仅能根据史料,知道政府会实行一些蠲免。因为我们并不清楚沉田的所有权和使用权,它们可能属于自耕农,由自耕农自己耕种,也可能被地主租赁出去,这就涉及佃户的蠲免问题。据《钦定大清会典则例》乾隆十年,“谕:各省蠲免正赋之年若有未完之旧欠,仍按期带征,则民间犹不免追呼之扰,著一并停其征收,展至开征之年,令其照例

① 《清朝文献通考》卷四《田赋考》,第4889页。

输纳。至于有田之家,既邀蠲赋之恩,其承种之佃户亦应酌减租粮,使之均沾恩惠。著该督抚转饬州县官,善为劝谕,感发其天良,欢欣从事,则朕之恩施更为周普。均照雍正十三年十二月谕旨行。钦此”①。说明乾隆对此问题也很重视,希望佃户的租粮也能得到酌减,但是否得到执行,尚不得而知。有关沉田的研究,还值得我们今后更加细致地探讨。

---

①《钦定大清会典则例》卷五十三《户部》,《景印文渊阁四库全书》第621册,第621—649页。

第七章

明清时期水患影响下的县域变化

中国历史上政区划分的两大主要原则就是山川形便和犬牙交错。行政区划的调整包括幅员的盈缩、边界的改划、州县的废置等几种情况。本章以黄河、运河所经过的苏北、鲁西区域在明清时期的河道变迁、湖泊盈缩、海岸线变迁为切入点，讨论由这些变化引起的政区调整，如县界调整、县域变化等情况。

由于地理环境存在着区域差异性，水患的来源不同，其影响下的县域变化调整情况也不同。根据苏北、鲁西地区的情况，主要分江坍江涨、河湖决溢和海岸线变迁三种类型来分析县域变化情况。

第一节　江坍江涨引起的县域变化

施和金对江苏历史上的坍江之灾进行了详细研究，指出六朝时已时有发生，但真正较多地出现，还是在唐宋以后，特别是明清两代。据他统计，“明清以来，江苏全省因坍江而失去的土地，总数约在120万亩左右，其中又以江都、泰兴、如皋、南通、海门、启东等地为最多”[①]。有坍就有涨，长江沿岸的沙洲增涨为聚落的现象也非常多。陈金渊对南通地区的成陆过程进行论证，指出“南通地区最初是长江口一带海域中的若干沙洲和浅丘，其绝大部分地区是在历史时期内以这些沙洲和浅丘为依托逐渐成陆的，是长江冲积的结果。海安县一带成陆最早，当是武木冰期海平面上升的产物，距今5 000～6 000年。如皋西北部在汉初已经成陆。如东县于汉代原是沙洲，六朝时与大陆涨接。南通市和南通县一带于六朝时也是沙洲，唐宋与大陆相连。南通东部地区曾经历过涨坍的剧烈变化。宋代海门县已不存在，现在的启东、海门是近300年来江中沙洲重涨的产物，启海平原是本地区最年轻的土地之一”[②]。说明南通部分地区在明清时期变化非常剧烈。启东市的《海复乡史》进一步指出：“现富东、季明、东岗、均里、联合、北固、竹南、竹亭、均权、复南、复西、复新等十三个村属当时的小安沙部分。成陆年代距今230年左右。由于今海复、复西、复新等三个村当时处在小安沙的最东北端，因此，成陆的年代迟一些，距今约180年左右。”[③]可见，沙洲增涨成陆会形成乡镇聚落，实际上也就是增加了县域面积。

本书中苏北范围的江坍江涨带来的县域变化主要在扬州府的江都、仪征两县。

江都县靠近长江，江岸的冲击作用强，沙洲时有涨塌。《江都

---

① 施和金：《论江苏历史上的坍江之灾及其社会影响》，载《历史地理》第15辑，上海人民出版社1999年版，第278页。

② 陈金渊原著：《南通成陆》，陈炅校补，苏州大学出版社2010年版，第5—6页。

③ 杨谷森编：《海复乡史》，晨灵文印社，2014年，第3页。

县续志》记载“县治东南濒临大江，沙洲坍涨迁徙靡定”[①]，故此县境幅员随着江岸的变化增加或者减少。张修桂在讨论长江中下游河床演变时指出，隋唐时期江都故城一带的凸岸边滩遭受强烈冲刷后退，江都城沦江；瓜洲在逐渐扩大中向北岸移动并于唐后期与北岸相连，使原来宽达二十千米的镇扬江面缩狭至仅余不足十五千米。[②] 方志中，在明代也已出现坍江现象，“分沙二十八…王家沙(坍江)……中沙(坍江)。……至嘉靖间领以十区，共辖百有十八里”[③]。到清末坍江更甚，“江洲地居洼下，恃圩岸为保障，田庐民命悉系焉，然潮汐冲刷，溃决不免，筑新培旧……光绪十五年佛感洲二圩坍江百余丈……以上各圩历经坍卸，宣统元年九月该洲四圩箍江大岸又坍破六十余丈，虹桥堤岸岌岌可危”[④]。江岸不断坍陷，知县吕道象筑新堤，自西北三圩起，至东南顺和圩止，长计六百三十四丈。“佛感洲南对金山南岸新沙涨自鲇鱼套至北固山，江潮大溜不归中泓而趋北岸，故自瓜口滨江坍卸外，洲地坍没，此为最甚。”[⑤]随着江流的变化，江岸也会增长，钱家湾“江流湍急，北岸适顶其冲。光绪八年老岸坍蚀，大宪勅都天庙防营修筑，至十二年复坍，老湘合字营驻防扬州乡人禀县移营拨勇

---

① 民国《江都县续志》卷四《民赋考中・蠲缓》，《中国地方志集成・江苏府县志辑》第67册，第412页。

② 张修桂：《中国历史地貌与古地图研究》，社会科学文献出版社2006年版，第111页。

③ 万历《江都县志》卷七《建置志・都里》，《四库全书存目丛书》史部第202册，齐鲁书社1996年版，第87页。

④ 民国《江都县续志》卷三《河渠考下》，《中国地方志集成・江苏府县志辑》第67册，第380页。

⑤ 民国《江都县续志》卷三《河渠考下》，《中国地方志集成・江苏府县志辑》第67册，第380页。

再修。二十四年又坍，乡人刘肇谦禀县捐资自修，长七百余丈，弃地让水，计自新岸至老岸移西一里有余。自光绪三十年后大溜移近南岸坍卸处始逐渐淤涨焉”①。

江都“由湾头闸东下，直抵泰、通，即经海之门户，其河之上下多沃壤，民乐业其中。东南有张纲沟、大桥、嘶马诸镇，地濒于江，潮汐所通，生殖甚繁，又迤逦而南，则江洲可居之地棋布星列，足为内蔽”②。杨霄注意到明代中后期以来长江镇扬河段江心沙洲受淮河南下入江影响，变化显著，裕民洲、南新洲等至少在17世纪前已经存在于淮河入江口外，是成化、弘治年间藤料沙等沦没后新淤长的沙洲。③ 在长江江流冲击作用下，沙洲淤长会形成滩田，实际上也是增长了政区范围。乾隆八年《江都县志》记载当地有滨江芦滩田338 848亩④，嘉庆十六年《江都县续志》则记载为385 883.4亩⑤，68年间，此县芦滩田就增加了47 035.4亩，说明江都县沙洲淤长比较快速并且被纳入征税范围，政府开始进行有效管理。

随着江岸的坍涨，洲田变化，县域也在不断变化，特别是江南、江北对洲田的争夺，对县域变化有重大影响。江坍江涨带来

① 民国《江都县续志》卷三《河渠考下》，《中国地方志集成·江苏府县志辑》第67册，第381页。

② 乾隆《江都县志》卷三《形胜》，《中国地方志集成·江苏府县志辑》第66册，江苏古籍出版社1991年版，第30页。

③ 杨霄：《1570—1971年长江镇扬河段江心沙洲的演变过程及原因分析》，《地理学报》2020年第7期。

④ 乾隆《江都县志》卷六《赋役》，《中国地方志集成·江苏府县志辑》第66册，第73页。

⑤ 嘉庆《江都县续志》卷二《赋役》，《中国地方志集成·江苏府县志辑》第66册，第533页。

的洲田变化，实际上是洲田利益范围的界定过程，也是县界重新界定的过程。沿江洲田的坍涨，会引发江南江北或同洲土地的争端，“县之洲瓜渚以上不多，惟有金、焦下常家洲，起抵三江口砥柱洲止，蜿蜒九十余里，漫衍三十余洲，计田十万余亩，历年坍涨不常，江之南北日事争夺，即同洲者亦且两相齮龁”①。万历二十二年(1594)任江都知县的张宁②在《洲田议》中讨论了解决洲田争议的三种办法：一是准附近以定封疆，二是分粮课以足正额，三是榷佃价以充军饷。③ 其中第一种方法“盖洲田一生，彼滨江者借坍江群起告争。故惟准其附近，则远者不得与之争，而附近者又以先佃为主。盖均系附近，惟准其先佃者，则后来亦不得与之争。是以可以息讼也”，以距离洲田最近和告佃最早这两个标准来确定洲田的归属。第二种方法“盖芦课系供上需，且本部有专敕，是通江洲田其所领辖也。然洲田之生，又皆滨江漕田之故土，北坍南涨势所必然，如尽数升课而不补坍田，是滨江之民纳无田之粮，抑独何忍？如尽数升漕而不升课，则芦政又属虚设。今查得万历十九年间芦课才二千一百二十八两余，今至二千二百九十余两矣。其滨江田今坍该一万二千余亩矣，故议每洲一生，大略以十分为率，先尽芦课原额，原额不亏，方以三七分分派，三分升芦，七分补漕。庶几芦课、漕粮通融相等，不致偏重，奸讼之家亦无所窥伺而两相帘入矣”，照顾芦课、漕田之间的相互平衡。第三

① 万历《江都县志》卷八《食货志》，《四库全书存目丛书》史部第202册，第93页。

② 乾隆《江都县志》卷七《秩官》，《中国地方志集成·江苏府县志辑》第66册，第88页。

③ 嘉庆《江都县续志》卷九《艺文志》，《中国地方志集成·江苏府县志辑》第66册，第597页。

种方法“盖洲田一生，茫茫数千亩，始虽沙淖，久则膏沃。而积年争洲者又皆老奸大猾，持一纸而往得千亩而归，以故不恤身家，甘兴巨讼，历数年而不肯已，为其得糈厚也。今议于洲田之生以三等榷田草滩二钱、泥滩一钱五分、水影一钱如此取佃，价一经承认便是主人。在市之兔，谁复与争？不论升粮、升课，并以此法行之，即用所得之价充作军饷，彼老奸大猾之流固难持一纸空券博也，此则下可以息民争，上可以裕国需”，将洲田按照一定价格征收赋税，充作军饷。但这些方法并不是一介知县就能实施的，所以他在文末发出“司邦计者肯酌而行之否”[①]的感叹。

沙洲坍江后新涨沙洲的归属及划界带来的县域纠纷也时有发生。明代顺江洲的变化引发了江都县和丹徒县两县县域的变化。光绪《丹徒县志》载：“顺江洲在三江口西圌山下，对岸首段名荷花池，西至輭溪，对岸中半为江都县境。……又名开沙，以洪荒初辟即有此沙也，又名大沙，以中冲为二，有大小沙之别也。……自明成宏间海苦为灾，日渐沦没，沙尾崩坍仅存四十余里，东北对江复增，顺江洲周四十余里，北界南新洲皆大沙崩土所涨，沙之旧族分徙两洲，顺江属丹徒，南新属江都。”[②]顺江洲部分洲田坍江，后淤涨，关于如何划分洲田引发纠纷。民国《续丹徒县志》：“顺江洲去郡三十里，在大沙东北。昔开沙之曹府、马沙二围田，踰四万余亩尽坍入江，成、弘间涨为芦滩万亩，被坍诸家告佃，南有严、金，北有朱姓，争竞不已。丹徒、江都两县亲临分界，令两人各骑

---

① 嘉庆《江都县续志》卷九《艺文志》，《中国地方志集成·江苏府县志辑》第66册，第597页。

② 光绪《丹徒县志》卷三《舆地》，《中国地方志集成·江苏府县志辑》第29册，江苏古籍出版社1991年版，第89页。

马至相遇处分界，而正严素善骑，南得十之六七，北得十之三四。且劝两家结姻以解之。严有八男，朱有九女，以严四男配朱四女，由此定界，永息争端。”①

顺江洲划界主要在知县的主导下完成，此次县域确定主要采用骑马划界的方式，确定界线之后采取联姻的方式来稳固，争议得以最终解决。此次事件采用骑马划界这种方式，可以理解为划界是两县官府和平协商的结果。当然这是洲田利益影响下的勘界，也是利益重新划定的过程。这场划界实际上是重新确定江都和仪征县界的过程，也是重新确定扬州府和镇江府府界的过程。

瓜洲沿江的历史变迁很大，北岸不断坍陷，南岸淤涨，这都带来县域的变化。清代长江主泓自世业洲南侧折向东北，致使瓜洲北岸受强烈冲刷，瓜洲城坍江，南岸则不断淤涨。②光绪《丹徒县志》载：“今瓜洲坍没而北者数里，而南岸沙涨直至金山江心。自沙上用句股法遥测之，江阔一千三百五十二丈，是为七里半有奇，然则瓜洲未坍，南岸未涨时，初阔十八里，既阔十里，今止七里半者，瓜洲数里之坍不敌南岸涨沙之广也。”③

仪征为“扬辅邑，独奠西偏，枕山带江处得其地，故西北境内峦嶂森嶙，寖有盛概，而三峡九江之水毕会于此，洪涛巨浸，吞吐

① 民国《续丹徒县志》卷三《舆地》，《中国地方志集成·江苏府县志辑》第30册，江苏古籍出版1991年版，第496页。

② 邹逸麟、张修桂主编：《中国历史自然地理》，第324页。

③ 光绪《丹徒县志》卷三《舆地》，《中国地方志集成·江苏府县志辑》第29册，第83页。

云日,信天堑也"[1]。江流冲击下,沙洲坍涨,幅员增减,县域也相应发生变化。"隆万间,由拦江闸至江口可十里,其间民居稠密,土田膏腴,后为江水所啮,日侵月剥"[2],后来由于江流的变化,"昔日江岸日崩,而今日江岸日固,未必不赖有此沙"[3]。仪征十二圩也是长江冲击下新涨的沙洲。明代中后期,沙洲变动,使江岸向南推移四千米之多。[4]

第二节　河湖决溢影响下的县域变化

由于资料的局限性,想全面概述河流湖泊决溢引发的县域变化是一件不容易的事情,本章主要通过县界调整或者县域变化的个案来展现当时的县域变化情况,包括以黄河河道为县界的齐东县和济阳县因为黄河的改道使得原先在黄河南岸、东岸的齐东县村庄成为黄河的北岸、西岸,两县因为这些村庄的归属发生纠纷;由于南四湖湖面的扩大致使济宁州和鱼台县部分沿湖土地沉入湖中,形成沉粮地,导致县域土地面积的缩减;北五湖由于黄河的不断冲击和人工围湖垦田,水域面积缩小,直至消失,使得县域土地面积增大,赋税面积增加。

---

① 道光《重修仪征县志》卷三《舆地志・形胜》,《中国地方志集成・江苏府县志辑》第45册,江苏古籍出版1991年版,第53页。

② 道光《重修仪征县志》卷十《河渠志・水利》,《中国地方志集成・江苏府县志辑》第45册,第132页。

③ 道光《重修仪征县志》卷十《河渠志・水利》,《中国地方志集成・江苏府县志辑》第45册,第132页。

④ 邹逸麟、张修桂主编:《中国历史自然地理》,第323页。

一、河湖决溢引起的县界争端与调整——齐东、济阳两县的县界争端及调整

1855年黄河在河南铜瓦厢决口之后，转向东北流，夺山东大清河河道入海，在山东地区过曹州府、兖州府、泰安府、济南府，由武定府入海，其中，在济南府先后经过齐河、济阳、齐东三县。光绪十年六月，齐河县黄河堤决口，“河决李家岸，自黑家洼以下绵亘数十里，大溜经域尽被沙压，房舍冲倒无算，谷陵变迁，此为最甚”[①]。在此次决口之前，黄河水已经漫涨，“黄水陡涨，风雨交作，民埝大堤节节生险，叠饬各州县抢护。东阿等十一州县，均已抢护平稳，惟齐东县萧家庄、阎家庄，历城县下游霍家溜、河套圈，利津南岸下游等处民埝被水漫决成口，大堤内外均被冲刷”[②]。黄水漫涨再加上不甚牢固的民埝，导致“山东齐河县黄水陡涨丈余，民埝漫决成口四五处，宽者三百余丈，小者亦不下百余丈，大堤亦被冲决四五百丈不等，被淹约有六七十余村，直至青城县境，伤毙人口千余，利津县亦有决口，延及武定城外”[③]。这次黄水大涨引起的黄河决口使得齐东、济阳两县黄河沿岸村庄被冲决，由此导致了两县临河村庄关于土地归属的多年争端。

民国《齐东县志》记载了两县的县界争端：“查本县第四区高

① 民国《齐河县志》卷首《大事记》，《中国地方志集成·山东府县志辑》第13册，凤凰出版社2008年版，第23页。

② 《德宗景皇帝实录》卷一八七，光绪十年六月甲戌日条，《清实录》第54册，中华书局1987年版，第612页。

③ 《德宗景皇帝实录》卷一八七，光绪十年六月癸未日条，《清实录》第54册，第621页。

家圈、孙家、萧家、大小张博士家及闫家、郭家寺、方家、时家圈等庄，原在黄河东岸及南岸，与济阳县之马圈、桑家渡、徐家道口等庄隔河为界。清光绪十年黄河决口，河流迁徙，将高家圈等庄房田抛于河西及河北。此后，齐、济两县直接连界，附近居民屡为争地兴讼。自光绪二十二年(1896)至光绪三十年迭经府县及省委莅县会勘划界立碑，以旧河中心为断，而疆界始定。"[1]齐东县与济阳县以黄河为界，东岸及南岸为齐东县村庄，西岸及北岸为济阳县村庄。光绪十年黄河决口，河流迁徙，使得本来在黄河东岸和南岸的齐东县几个临河村庄变成了黄河的西岸及北岸，黄河这一天然县界的迁移，引起黄河两岸齐、济两县交界地区附近居民多次为了争夺河淤土地发生诉讼。

为了解决这一持续多年的两县关于土地归属的争端，光绪二十二年(1886)和二十三年(1897)，府州县三面会勘界限，以黄河旧河中心为断，划分齐河县和济阳县两县的县界，植柳为界，立两县界碑，暂时解决了两县之间持续十几年的县界之争。光绪二十八年(1902)三月初六日立的关于齐东、济阳两县重新划界的界碑《齐东济阳两县界碑》记载了此次划界的过程：

> 四品衔升用直隶州署理济阳县正堂郝，花翎道员即补府正堂曾，同知衔补授齐东县正堂孙：为勒石分界，以永息讼端事。窃齐、济高马等庄因争种河淤地亩缠讼数年数任，此次三面会勘讯断，由旧河中心栽柳筑堰，划

---

① 民国《齐东县志》卷二《地理志》，《中国地方志集成·山东府县志辑》第30册，第346页。

分齐济界限，上自时秦二圈起，下至大张博士家、桑家渡止，共柳一百三十株，各分六十五株，如遇枯萎，各自补栽。永遵，毋违此判。[1]

但是立界碑仅仅一年之后，争端再次发生，光绪三十年正月立《齐东济阳两县重立界碑》对此的描述是：

为碑毁重立事。窃齐、济高马等庄控争河淤地亩，去年三月已蒙前候补府宪曾督饬栽柳筑堰立碑分界，因有拔毁情事，蒙上饬委勘办，查原堰高二尺，底宽四尺，长一千三百丈，每十丈栽柳一株，两县均分，济上齐下，济三庄中亩地九顷三亩零，齐五庄中亩地八顷八十三亩零。又东接堰二百丈，栽柳二十株，系案外新淤之地，因连控地一并分地立界，界归齐管。兹定堰高四尺，底宽五尺，顶宽二尺，两面挑沟，堰下每五十丈埋灰一处，照旧栽柳。此皆禀上办理，后再拔毁，即照盗伐官柳、毁弃官物例严拿惩办，如自枯自坍各按段补好。特勒。[2]

齐、济两县的界碑虽然经过了济南府、齐东县、济阳县三方会勘，最终确定在旧黄河中心植柳为界，但是有村民拔毁分界的柳树，使得两县界限再次混乱，因此不得不对界限再次做出安排调整，

---

① 民国《齐东县志》卷二《地理志》，《中国地方志集成·山东府县志辑》第 30 册，第 346 页。

② 民国《齐东县志》卷二《地理志》，《中国地方志集成·山东府县志辑》第 30 册，第 346 页。

详细规定了植柳的范围和齐、济两县在争议区域的田地亩数，并对拔毁界柳做出惩处。齐、济两县县界得以固定，没有再因县界问题发生争端。

二、河流、湖泊决溢引发的县域变化

（一）北五湖枯竭导致的县域赋税面积扩大

明清时期在山东运河沿线，以济宁为中心，分布着“北五湖”“南四湖”等众多湖泊，北五湖包括安山湖、南旺湖、马踏湖、蜀山湖和马场湖。“北五湖”的源头可追溯到位于古济水、濮水下游的古大野泽。后来，随着黄河河道的不断变化，到北宋神宗熙宁十年（1077），河决澶州，在巨野泽北岸的梁山受湖面北侵的影响，环梁山形成了大湖，即梁山泊。元末明初，由于黄河北岸多筑堤防，减轻了黄河北决，梁山泊来水短缺，逐渐淤为陆地，湖水下移至安山洼地，形成安山湖。[①] 根据《禹贡锥指》的记载，南旺湖“在汶上县西南四十三里，会通河之西岸。志云：湖即巨野泽之东偏，萦回百五十余里。宋时与梁山泺合而为一，围三百余里，亦曰张泽泺。熙宁十年河道南徙会于梁山张泽泺是也。明永乐九年开会通河，遂划为二堤，漕渠贯其中，渠之东岸有蜀山湖，谓之南旺东湖，周六十五里，中央有蜀山堤，北有马踏湖，亦谓之南旺北湖，周三十四里有奇”[②]。马场湖则是由济宁府河、洪河汇入形成。明清时期为了保障漕运，由于山东段运河水量不足，因此在山东运

---

① 邹逸麟、张修桂主编：《中国历史自然地理》，第261页。

② ［清］胡渭：《禹贡锥指》，邹逸麟整理，上海古籍出版社2006年版，第125页。

河沿线设置水柜以蓄水济运,“于汶上、济宁、东平、沛县并湖地设水柜、斗门。在漕河西者曰水柜,东曰斗门,柜以蓄水,门以泄涨”①,北五湖就是运河的水柜,“以南旺、安山、马场、昭阳四湖与漕运关系最为密切,有四水柜之称”②。

安山湖是北五湖中最早淤塞的湖泊。明代为解决山东段运河的缺水问题,在运河沿岸设置了水柜以蓄水,安山湖即为水柜之一。据记载,“安山湖距(东平)州治西南十五里,北邻漕河,萦回百余里”③,“南旺以北,仅有安山一湖,所系甚重”④。隆庆六年时,本府通判陈嘉道条议“其碑刻总云湖地萦回百余里,今查止有八十三里,合无委官督同本州正官于湖堤四旁之外踏丈开柘务,复萦回百里之旧,立为界石,另立碑文边界”⑤,到万历十七年(1589)时,安山湖已经“满湖成田,禾黍弥望,曾无涓滴之水,殊失设湖之意”,“岁久填淤,民多茭牧其中,官取租直以充赋税”。⑥后来经兖州府管河通判勘察,虽然安山湖周围共一百里,但是地势洼下,可以作为水柜蓄水之用的仅有三十八里。为了保障运河水源,都给事中常居敬奏请在这三十八里的区域筑高堤,高堤以外照旧佃种征银,高堤以内挑深蓄水。⑦ 仅仅经过十七年的时间,安山湖的面积就由隆庆六年的萦回百里缩减到了万历十七年的三十八里。

① [清]张廷玉等:《明史》卷八十四《河渠志上》,第 2087 页。
② 史念海:《中国的运河》,陕西人民出版社 1988 年版,第 327 页。
③ 嘉靖《山东通志》卷十三《漕河》,《天一阁藏明代方志选刊续编》第 51 册,第 806 页。
④ [明]潘季驯:《河防一览》卷十四,《景印文渊阁四库全书》第 576 册,第 512 页。
⑤ 万历《兖州府志》卷二十《漕河》,《天一阁藏明代方志选刊续编》第 54 册,上海书店出版社 1990 年版,第 386 页。
⑥ 万历《兖州府志》卷二十《漕河》,《天一阁藏明代方志选刊续编》第 54 册,第 386 页。
⑦ [明]潘季驯:《河防一览》卷十四,《景印文渊阁四库全书》第 576 册,第 513 页。

清顺治时期，“河决荆隆，泛张秋，安山湖淤成平陆”，河工大臣曾多次讨论将已淤塞的安山湖重新改造成水柜，但由于工程量较大且安山湖湖水无固定来源，不堪承担水柜的职责而放弃。到乾隆六年之时，“安山湖堤内垦种如鱼鳞，无隙地矣”。[①] 安山湖彻底消失，演变为陆地。

其他四个湖泊亦是如此。南旺湖在康熙时期“汶巨嘉之私垦者不下数百顷矣”[②]，“同治十年郓城侯家林河决，黄水漫沮河民堰东入湖，斗门单闸尽淤，湖亦淤高，不能蓄水，涸出之地尽成沃壤，附近人民竞起告佃”，到光绪二十九年（1903）之时，官方放垦南旺湖田。[③]

蜀山湖在清代作为最重要的水柜，其被垦殖速度最慢，康熙时期“周围六十五里零一百二十步，计地一千八百九十余顷，除宋尚书祭田地十二顷，并高亢地八顷五十三亩令民佃种外，其余一千八百六十九顷四十六亩二分蓄水”[④]。到光绪中期，“与南旺同时被淤，民多耕种其中，然犹留收容坡水之地，未经全数放垦”[⑤]，到民国三年后勘察之时，其大小仍然有“周六十五里一百二十步，占地一千八百六十九顷有奇”。其之所以能被保留，主要原因就是蜀山湖“为北路最要水柜，仍应蓄水济运，不宜轻易放垦，因小

① 光绪《东平州志》卷第四《漕渠志》，《中国地方志集成·山东府县志辑》第70册，凤凰出版社2008年版，第103页。

② ［清］张伯行：《居济一得》卷二，《景印文渊阁四库全书》第579册，第511页。

③ 民国《济宁直隶州续志》卷三《山川志》，《中国地方志集成·山东府县志辑》第77册，第282页。

④ ［清］张伯行：《居济一得》卷二，《景印文渊阁四库全书》第579册，第510页。

⑤ 民国《济宁直隶州续志》卷三《山川志》，《中国地方志集成·山东府县志辑》第77册，第282页。

失大"[①]，在其他湖泊尽数淤成田地的情况之下，要尽量保证蜀山湖的存续。

根据张伯行的记载，马场湖"在济宁城西，相距城郭仅二三里许，承受府、洸二河之水，蓄以济运，名曰水柜。旧志原额七百三十顷，因年久时湮湖界无存，奸民占其肥腴，日深一日，悉成民田，以致湖不足额，受水无几"[②]。马场湖曾经占地730顷，在张伯行记载的时代，马场湖占地面积已经缩减，主要是因为湖界消失，百姓侵占为民田。后来，由于康熙三十四年(1695)之后开筑了杨家坝，原先流入马场湖的府河改为南流入运河，马场湖水源仅有洸河一支，到同治十年(1871)之时，黄河决溢，河水灌入湖中，湖底淤高，洸河水也逐渐无法流入，到光绪年间洸河改道东南入运，马场湖失去了水源供给。沿湖百姓开始占垦，光绪二十六年(1900)由济宁知州禀准放垦，马场湖完全成为农田。[③]

马踏湖在万历时期就已经几乎全部被占为田，"马踏湖周围三十四里零二百八十步计地四百一十余顷，俱应退出还官"[④]。后来经过治理退佃还湖。到了康熙时期"稍遇天旱，便成干涸"[⑤]，至清末完全淤成平陆。

北五湖的由盛而衰伴随着明清漕运的兴衰。由于北五湖拥有山东段运河水柜这一重要地位，明清政府多次清丈北五湖以保

---

① 民国《济宁县志》卷一《疆域略·山川》，《中国地方志集成·山东府县志辑》第78册，第14页。

② [清]张伯行：《居济一得》卷二，《景印文渊阁四库全书》第579册，第503页。

③ 民国《济宁直隶州续志》卷三《山川志》，《中国地方志集成·山东府县志辑》第77册，第282页。

④ [明]潘季驯：《河防一览》卷十四，《景印文渊阁四库全书》第576册，第510页。

⑤ [清]张伯行：《居济一得》卷四，《景印文渊阁四库全书》第579册，第529页。

障其济运作用，但是由于众多因素的共同作用，北五湖还是在清代末年几乎全部淤积成陆。自然因素方面，黄河下游不断决口改道，大量泥沙淤积入湖泊，黄河的决溢也扰乱了下游水系，原本流入北五湖的河流流入运河或者逐渐消失。人为方面，百姓的围湖垦田行为，加速了北五湖湖区的缩小速度。湖泊淤积导致百姓与水争地，在湖泊周围干涸处开垦田地伴随着北五湖的淤积过程，在明代就出现了民与水争地的情况，"南旺，安山，蜀山，马场等湖，始因岁旱水涸，地属开旷，当事者召人佃种征租取息，以补鱼滕两县之赋。于是诸河之地平为禾黍之场，甚至奸民壅水自利，私塞斗门"[1]，到清代这种行为更是屡禁不止。再加上清代后期漕运逐渐废弃，作为漕运水柜的北五湖对政府的意义已经不大，因此也就由任其开垦转为组织开垦以征收赋税，到清末民国时期，北五湖除蜀山湖外，已尽数淤成平陆。

在漕运废弃，湖泊淤积成为定势的情况之下，到清末时期，清政府正式放垦湖泊。湖田放垦征租始于清光绪二十八年，由兖沂曹济道兼理，三十二年设湖田局分南北二路。湖田局章程规定："放地宜先划界，各湖遇有新涸荒地，查明与某庄相近实系某庄之内区域只准某庄湖民分别领垦，由庄长出具保结，他庄人不得觊觎，界限既清，争端亦息。"[2]至此，除蜀山湖外，昔日的北五湖几乎已尽成田地。北五湖区域由原先的湖泊水域逐渐演变为田亩，县域土地类型发生变化，新开垦的湖区需要向政府交纳赋税，使得县域的赋税面积扩大。

---

① ［明］潘季驯：《河防一览》卷十四，《景印文渊阁四库全书》第576册，第508页。

② 民国《济宁县志》卷二《法制略》，《中国地方志集成·山东府县志辑》第78册，第42页。

（二）沉粮地造成的县域赋税面积缩小

沉粮地是济宁直隶州所特有的一种土地类型。由于南四湖水域面积的扩大，大量田亩在水涨之时没入湖中，水落之时又成为田地。后来，随着微山湖、南阳湖等水域面积的不断扩大，这些地亩全部没入水中，成为沉粮地。民国《济宁县志》所载的《济宁告沉地沿革历史》对济宁沉粮地的形成原因有详细的分析：

> 谨按济宁沉粮灾区，东临运堤，南枕南阳、昭阳二湖，其西又有长澹、顾儿、苜蓿、赵王、牛头等河贯其间，利导南行皆以下游微山湖为容纳众流之巨浸，未尝以泛滥为忧也。洎于黄夺泗流夹带泥沙，湖底因淤垫乃日高，辄易顶托上游，其流遂为之不畅。每值夏秋淫潦荡潏，盈田而层积涕泣之波，顿失所归，岁酿灾祲，十不一稔。经勘议疏请豁除粮赋，以恤民艰。①

济宁直隶州之所以会有大面积的沉粮地，是因为济宁州的东面是运河大堤，南面是南阳湖和昭阳湖，西面是众多携带大量泥沙入湖泊的河流。湖泊受到泥沙的沉积，不断淤高，每逢夏秋之际，雨水增多，湖泊水位不断增高，湖泊面积扩大，侵害周围农田，形成了沉粮地，从而减少了可耕地面积，导致县域赋税面积缩小。本书第六章对此已有详细叙述，本节不再讨论。

---

① 民国《济宁县志》卷二《法制略》，《中国地方志集成・山东府县志辑》第78册，第40页。

第三节　海岸线变迁引发的县域变化

黄河在明清时期以咸丰五年为界可以划分为前后两个阶段，不管是咸丰五年前夺淮，还是咸丰五年后夺大清河入海，都对苏北和鲁西的海岸线产生了重大的影响。

一、水患对苏北海岸线的影响

在黄河夺淮期间，苏北沿海州县受黄河泥沙淤积的影响，同时也受海潮的冲击，海岸有时会缩减，但是总体趋势是不断向东扩张。苏北地区海岸线东移使沿海州县的县域发生变化，主要是阜宁、兴化、盐城、海州直隶州这三县一州。

（一）阜宁县

阜宁海岸南接盐城，北达涟水，长一百七十余里。“元明屡行海运，不闻有浅阻之患也。自黄夺淮流，挟高地之沙奔驶而下，而海滨日浅海滩日涨，海岸益徙而东。”[①]黄河夺淮对海岸线东移起主要作用。1855 年黄河北徙后，海岸的东移减少，受海潮冲击加重，“今则黄河久徙，凡遇一二日狂风巨浪，海岸必剥蚀丈许，计一岁中至少需削去三四十丈，而涝年尤甚。以故青红沙丝网滨，早

① 民国《阜宁县新志》卷二《地理志·水系》，《中国地方志集成·江苏府县志辑》第 60 册，第 16 页。

付汪洋，近五十年已由小另案塌至六合庄，居民每于事先拆卸庐舍，携家远适，沧桑之变，人固无如何也”。[①]

（二）兴化县、盐城县

兴化东滨于海，海滩增长，即县境增长。“河道去路亦以尽海为委。斗龙港据《盐城志》南岸属刘庄，北岸属伍佑，兴、盐界河在大纵湖迆西者曰西界河。按梁《志》所载兴、盐古界当在今西界河以北沙沟溪，河东流之周藩口。前明盐院洪垣题正疆界疏曰：‘兴化北至盐城沙沟，南至泰州蚌蜒河’。”[②]唐宋年间范公堤为盐城海岸，“元明以来黄淮合流，滩涨益远。唐宋之世，范堤本为海岸，至明宣宗时逾堤而东已三十余里。明末更五十里。迄清中叶遂在百里以外。昔之场灶在范堤以西者，以湖淮溃决，淡流浸灌，盐产日绌，至是遂渐次东徙，而曩昔煎区悉成耕地。于是范堤千余年来屏蔽民灶之用尽失，运河改道而西，海岸涨溢而东，此二者乃盐境地理变迁之最大者也”[③]。由于黄河夺淮带来的泥沙，海岸线不断东迁，县域面积增大。

（三）海州直隶州

海州直隶州中有云台山，曾在海中，由于泥沙的淤积，海岸线东移，云台山成为陆地的一部分，间接证明了县域的增加。嘉庆

① 民国《阜宁县新志》卷二《地理志·水系》，《中国地方志集成·江苏府县志辑》第60册，第16页。

② 咸丰《重修兴化县志》卷一《舆地志》，《中国地方志集成·江苏府县志辑》第48册，江苏古籍出版社1991年版，第395页。

③ 民国《续修盐城县志稿》卷一《舆地志》，《中国地方志集成·江苏府县志辑》第59册，第370—371页。

《海州直隶州志》:“云台山以向在海中,一并禁为界外。康熙十六年漕运总督帅颜保奏复云台山为内地,时山在海中,南距板浦、中正两场仅隔一渡……康熙四十年后海涨沙淤,渡口渐塞,至五十年忽成陆地,直抵山下矣。”①

河口不断东移也是县域变迁的重要证明。明代射阳河口在庙湾镇,阔八百余丈。民国时期已经东移至二百余里,阔四百三十余丈。② 旧淮河口本在云梯关外,自黄夺淮后,口下移二百里,又由二三泓改道于此。民国时期口宽一千三百七十余丈,淤浅特甚。③

二、水患对鲁西海岸线的影响

1855 年黄河在铜瓦厢决口,由夺淮入东海变为东北流,经鲁西地区,由大清河入经利津县铁门关北萧圣庙以下二河盖牡蛎嘴入渤海。这对鲁西河道、海岸线都产生了重大的影响。沿海黄河所经州县受黄河携带的泥沙淤积的影响,同时受到海潮的冲击,海岸线在不断向北推移总体趋势的同时,也有小幅度的侵蚀,鲁西地区的武定府海岸线的北移以黄河口为中心向两侧递减,使沿海州县的县域发生变化,主要表现在利津、沾化两县。

---

① 嘉庆《海州直隶州志》卷二十《海防考三》,《中国地方志集成 · 江苏府县志辑》第 64 册,第 351 页。

② 民国《阜宁县新志》卷二《地理志 · 水系》,《中国地方志集成 · 江苏府县志辑》第 60 册,第 16 页。

③ 民国《阜宁县新志》卷二《地理志 · 水系》,《中国地方志集成 · 江苏府县志辑》第 60 册,第 16 页。

（一）利津县

据雍正《山东通志》的记载，利津县“北一百二十里至于海牡蛎嘴”[①]。到光绪朝之时，变成了“北至海旧一百二十里，今一百六十余里。自萧神庙河岸东西及北面苇荡皆因河淤增长数十里”[②]。县域面积在一百五十年左右向北增多了四十里，是因为黄河自萧神庙以下入海，泥沙不断向东西两岸及北面淤积。光绪《利津县志》的编者还认为，“今利津沾化海丰诸县古未必有其地矣，后世海水东去渐开诸县”[③]，现在的利津、沾化等县在古代未必存在，它们的出现很大一部分原因是海水东去而形成陆地。

黄河由牡蛎嘴入海，对入海处的地貌环境也产生了影响：“旧志牡蛎嘴即河入海处，闻诸土人此地出牡蛎，自黄河入境，河淤增长，牡蛎痕迹俱湮，而海门以上萧圣庙以下数十里葭苇繁茂，名曰‘苇荡’，小民资以为利运者，海艘停泊直抵萧圣庙，今则不能进口，悉泊太平湾矣。”[④]牡蛎嘴名字的由来是该地产牡蛎，自从黄河改道由此入海之后，黄河携带的大量泥沙由此堆积，形成了数十里淤地，成为“苇荡”，牡蛎作为一种海洋生物，就无法在此生存了。本来可以停泊船只的入海口，如今也无法进入。

---

① 雍正《山东通志》卷五《疆域志》，乾隆元年刻本，第 29 页。

② 光绪《利津县志》卷二《舆地图》，《中国地方志集成·山东府县志辑》第 24 册，凤凰出版社 2008 年版，第 292 页。

③ 光绪《利津县志》卷二《舆地图》，《中国地方志集成·山东府县志辑》第 24 册，第 291 页。

④ 光绪《利津县志》卷二《舆地图》，《中国地方志集成·山东府县志辑》第 24 册，第 298—299 页。

这些滩地形成之后，逐渐被开垦。利津县滨海地区大部分土地都是滨海荒地，可以产盐，但是不适合农作物生长。后来，由于黄河由此入海，大量泥沙淤垫于此，“利津东南海滩，历年新淤数十里”①，这些淤积的泥沙改良了原来的土壤类型，因此百姓开始在此垦殖，“县境濒临渤海，大部为退海滩荒，不堪耕种，自黄河改道由利津入海，连年淤淀，多可种植，各县人民争先垦殖”②，“利津迤北荒滩亦有已垦之地”③，政府还多次组织黄河两岸的受灾百姓迁移于此。

> 光绪十七年(1891)，适值务本乡西境连遭水患，急待救援，知县钱鍱禀请迁移。抚院派员会同知县履海滩勘验，批准将二十九村灾民迁于海滩高阜地点。经邑绅岳廷栋、徐绍陵随往指定界址，自割草窝以下顺旧河道迤北至柳树林子而止，以次安置。其他乡的民众也有因生活艰难前往萧圣庙、二河盖等处搭盖窝棚专事垦荒的。光绪十八年，知县吴兆鍱接任，又将南阳家灾民迁于红头子坞。当年十月，海潮涨发，灾民淹毙不计其数，甚至有全家覆没的，这对开辟海滩打击很大。光绪二十八年定知府迁罗盖十庄于汪二河，迁崔毕庄于汀河西，毕家庄首事李丹亭、东宋庄首事胡士先为便利办公起

---

① 民国《利津县续志》卷四《河渠图》，《中国地方志集成・山东府县志辑》第 24 册，第 557 页。

② 民国《利津县续志》卷一《舆地图》，《中国地方志集成・山东府县志辑》第 24 册，第 510 页。

③ 民国《利津县续志》卷四《河渠图》，《中国地方志集成・山东府县志辑》第 24 册，第 557 页。

见，每村或二十户或三十户不等，编为十乡，总名新安乡，“遇有要公约同各村首事赴罗家集商议，懋迁有无，具有乡镇雏形”。光绪三十四年，棣州公学与利津县学同崔杰英、崔衍芳四分卧坨子地，该处开始有人定居。宣统二年，知县宁继光因公款支绌，偕同邑绅纪鹗元、李泽坦、胡钦贤赴芦苇中勘定面条沟荒地数百顷作为公产，学堂、各机关酌量分配招佃交纳押款，以充公用。垦地之户纷至沓来，聚族而居，几无旷土。有组织的迁民开垦加速了这一区域的开发，到1931年民国政府颁行自治章程划自治区域，这一区域被划为第五区，区分所设于罗家镇，所辖村庄划为十五乡一镇。[①]

（二）沾化县

光绪《沾化县志》记载：“海在县境北少东百里外……宋元之世置富国、永利诸场，海上渔父春夏之交鱼舟鳞集海洋，布网者不可枚数。近则沾民日贫，尽失鱼船鱼网之利。”[②]之所以渔业资源丧失，关键就是县境受黄河影响，泥沙淤积成陆所致。自清光绪末年，黄河决口，由县境入海，地多淹没；民国十年后，黄河再决宫家口，河道改由利津县入海，因此河流迁徙泛滥之处，都淤为良

① 民国《利津县续志》卷一《舆地图》，《中国地方志集成·山东府县志辑》第24册，第492页。

② 光绪《沾化县志》卷一《山川》，《中国地方志集成·山东府县志辑》第25册，凤凰出版社2008年版，第10页。

田。“光绪三十二年,以沾化新淤之地,两万余顷,亟需丈放,遂于利国镇设立分局,委专员办理沾化垦务。”[①]黄河尾闾在下游的不断迁移,使得县境增长,荒滩变良田。宣统二年(1910)《山东省河务行政沿习利弊报告书》载:“河流大势初改道时多半顺利,徒以挟沙入海骤至宽衍之处,不免力弱沙停,日久则海口成阑,淤垫日高,水流日壅,横决就下,自择归途,固亦必然之理。今虽幸得地利,未可任其自然。况濒海淤荒,近年已逐渐招垦纳租,公家民间胥食其利,更非从前弥望荒滩可以任水择路之比。”[②]指出这些海滩淤地已经能够招垦纳租,也就是扩大了地方政府的赋税范围。根据岑仲勉的统计,黄河自 1855 年改道之后的八十余年间,有史可查的入海口变迁就有十九次之多,平均四年一次。[③]“清光绪三十三年,利津薄家庄决口,经利属之大小牡蛎、邓家草场,及沾境之流口庄、青堤等处中间入海,由是沾境东北部多被湮没,遂为黄河尾闾。至民国十年,宫家又决口,十四年宫口堵筑工成,河道乃出沾境折回利津,所遗河身,尽淤淀成膏壤矣”[④]。黄河在光绪三十三年(1907)改由沾化东北部入海,到民国十四年(1925)又改由利津入海,“东洼地带,原为海滩,后经黄河淤积而成”[⑤],原先为不堪耕种的退海荒滩区域经过黄河的淤垫变成了良田,在民国

---

① 民国《沾化县志》卷六《建设志・垦殖》,《中国地方志集成・山东府县志辑》第 25 册,第 437 页。

② 《山东省河务行政沿习利弊报告书》,宣统二年六月山东调查局石印本,第 12 页。

③ 岑仲勉:《黄河变迁史》,人民出版社 1957 年版,第 663 页。

④ 民国《沾化县志》卷一《疆域志・山水》,《中国地方志集成・山东府县志辑》第 25 册,第 240 页。

⑤ 民国《沾化县志》卷六《建设志・垦殖》,《中国地方志集成・山东府县志辑》第 25 册,第 440 页。

时期已经有义和庄、太平镇等处“地辟民聚，蔚成繁荣区域”[①]。沿海一带的岸旁，有沙河铺、大洋铺、抢网铺、黑坨铺、泡洋河铺五铺，“渔期为渔家寄居之所，年久海水渐退变成淤地，铺亦随之远徙矣”[②]。随着淤地日广，移民越来越多，到民国时期“垦户源源而至，多系旧曹属及广饶、寿光、昌乐、昌邑等县之民”[③]。

沾化于宋庆历二年(1042)设县，“县治在城中央稍东，宋庆历间创建”[④]。因海滩淤涨，到清末、民国时期，沾化县的县政府已经位于县西南部，统治较偏，“但当设治伊始，渤海伸入内地，非如今日距县之远。尔时徒骇、钩盘两河，由西南入境，直通渤海，转运亦称便利，故由招安镇改设为县，大抵相度地势而为之。嗣后海滩淤地日多，沧桑变迁，潮汐向东北，退出数十里之遥，河流亦渐次涸塞，由是县治孤悬一隅，益形其偏。他日开垦移殖，东洼一带将成富庶之区，河海疏浚，交通四达，全境处于优胜地位，固不随县治为轻重矣”[⑤]。沾化县设县之时县治在城中央偏东，徒骇、钩盘两河由县西南境入渤海，县治位置优越，交通便利。后来随着河流逐渐枯竭，东北部海滩的增长，洼地变膏壤，成为富庶之地，从而形成了当时县治孤悬西南隅的情况。这种政治地理格局

① 民国《沾化县志》卷一《疆域志·地势及土质》,《中国地方志集成·山东府县志辑》第25册,第237页。
② 民国《沾化县志》卷一《疆域志·山水》,《中国地方志集成·山东府县志辑》第25册,第238页。
③ 民国《沾化县志》卷一《疆域志·民族及户口》,《中国地方志集成·山东府县志辑》第25册,第250页。
④ 光绪《沾化县志》卷二《官署》,《中国地方志集成·山东府县志辑》第25册,第14页。
⑤ 民国《沾化县志》卷一《疆域志·位置》,《中国地方志集成·山东府县志辑》第25册,第235页。

显然不利于对沾化县的治理，1957年，沾化县城迁至富国镇，位置居中，加强了对全县的控制。

第四节　小结

本章分类梳理了水患引发的县域变化情况，重点以个案的方式考察水患影响下苏北、鲁西地区的县域变化。

鲁西地区处在黄河下游，其县域变化几乎全部是受黄河的影响。济阳县和齐东县县界争端的产生是因为黄河在两县之间的改道引起原本县界的混乱，从而使得两县百姓争地；北五湖淤积的主要原因是黄河决溢导致大量泥沙沉积湖中；南四湖面积扩大，土地沉入湖中形成沉粮地也是受黄河泥沙入湖引起湖水升高，湖泊面积扩大的影响；滨海州县海岸线北移，县境面积扩大更是因为黄河东北流，由此入海，携带的大量泥沙堆积在入海口处，再加上其尾闾在入海口地区的不断摆动，扩大了泥沙淤积的范围。

运河是影响鲁西地区县域变化的另一重要河流。作为南北物资沟通的要道，运河的畅通对明清两代非常重要。为使运河少受黄河决溢的影响，明清两朝先后修凿了南阳新河、泇河、中运河等人工河流，使得运河东移，黄运基本脱离。北五湖作为保障运河水源的水柜，对于漕运顺畅起重要作用，北五湖的兴衰伴随着漕运的兴衰，至清末漕运停废，北五湖几乎全部成为平陆。另外，南四湖的变化也与漕运密不可分。昭阳湖在明初为四大水柜之一，经过南阳新河的修凿，运河由昭阳湖西移到了昭阳湖东，昭阳湖成为运河阻挡黄河漫溢的一个天然屏障，减轻了对运道的冲击。此后昭阳湖不断被围垦，到万历末年，由于山东半年不雨，找寻水柜，昭阳湖已“茫无知者”[①]，清代曾经恢复昭阳湖水柜身份，永禁侵占，设法收蓄[②]，但是由于泥沙淤积和围湖垦田，昭阳湖急剧萎缩的趋势不可改变，到乾隆时期已仅堪泄水。与昭阳湖逐渐缩小不同，微山湖由于地势低洼，逐渐扩大。微山湖区域最初是众多的小湖，如赤山、吕孟等。万历年间开凿了泇河，运道东移经微山以东，微山以西众多的小湖被隔在运道以西，这些小湖泊成为黄河东决的宣洩之处，再加上南四湖北高南低，南阳湖等湖泊的水也会下泄至此，小湖泊逐渐连成一体，成为微山湖。后来微山湖水的不断上涨也使得济宁、鱼台等地的沉粮地形成。北五湖的由湖成陆使得沿湖州县土地面积扩大，而微山湖、南阳湖等面积的扩大则使得原先是田地的地区沉入湖中，土地面积缩小。

政区调整是政治过程，县域调整、州县废置都在政府的主导下完成。但是，不同的县域变动参与力量不同，政府参与级别不同，界线确定方式也不同。江都县的县域变化主要在知县的主导下，采用民间骑马的方式划界，骑马里程越多，获得的区域越大，县界确定后以联姻的方式加强这一既定事实，这一现象说明当时两县采用和平的方式解决县界纠纷。这实际上也是重新界定府界，但是没有府级官员的参与，原因可能是江坍江涨带来的界线变化太频繁，府级官员不可能一一参与。

县域调整及州县置废的过程中重要官员起重大作用，县级官

---

① 《明史》卷八十五《河渠志三》，第 2098 页。

② 《清史稿》卷一百二十七《河渠志二》，第 3777 页。

员的中坚作用明显。清河县在江苏巡抚上奏获批的情况下完成县域调整。江都县因新洲田的利益纠纷划界，在江都、丹徒两县官员的主导下，采用民间骑马的方式重新确定顺江洲附近县域范围。州县置废的建议都是先由官员提出，并且一步步实行的。

水患影响下的县域变化都与利益息息相关。苏北的江都县因江坍江涨带来的洲田坍涨，重新划定顺江洲洲田的界线，也是重新确定利益范围的过程。山东的鲁西地区因黄河河道变化导致齐东、济阳两县县界混乱，县界周围百姓遂争抢黄河改道后的河滩淤地区域。北五湖区域不断被开垦成田地，甚至是被某些官员鼓励开垦，以补赋税，到清朝后期成立湖田局，管理湖田开垦事宜。海岸线北移，荒滩面积扩大并在黄河泥沙的堆积之下逐渐变为良田，政府多次组织人口迁移于此，一来解决了一部分下游地区黄河水患影响下的百姓的生计问题，二来开垦了黄河的新淤滩地。这些县域面积的变化都与百姓利益或者是政府利益不可分割。在利益或因利益引发的冲突下，各县才会重视县域，通过勘界来确定利益范围。重新确定县域的过程实际也是重新划定利益范围的过程。

明清时期人们的县域意识不是很明确。在乾隆《重修桃源县志》中有这样的记载："华铺村在白洋河北八里，旧志云此系桃源铺基，后因洋河镇与宿迁县势豪争利，遂以重贿诱本镇之民夏耀私卖焉，故洋河镇宿迁有十之九，桃源有其一，今邮递往来犹送至华铺村也。"[①]民众轻易的买卖地行为，就带来了桃源和宿迁的县

① 乾隆《重修桃源县志》卷一《舆地志》，《中国地方志集成·江苏府县志辑》第57册，第552页。

界变化。由本书第五章第二节个案分析清河县王家营镇的第二次迁移买的是山阳县地可见，当时人们的县域意识并不强烈，处于两县交界处的民众随意买卖地，都会带来县域的变化。

水患引发的县域变化也会带来政府管理上的改变。安东县"以海水东趋，县幅员益广，耳目不能遍及故"，为了加强管理，万历二十五年(1597)增设五港巡检司，分寄三司，"课盐筴，谨河防，兼用察奸助化"①，到清代成为定制。

① 光绪《安东县志》卷一《疆域二》，《中国地方志集成・江苏府县志辑》第 56 册，第 11 页。

第八章

结论

黄河是中国的母亲河，在历史上经常泛滥，逐渐从一条“利河”变成“害河”，破坏性大，不仅会造成重大经济损失，对政治也有一定的影响。黄河一直是我国历史学界和地理学界的研究重点，以黄淮平原而言，相关灾害史和历史地理的研究很多，但涉及政治地理与灾害关系的研究成果仍很少见。

历史上，响应自然灾害因素（包括自然灾害本身和政府治理自然灾害两方面）出现的政区调整屡见不鲜。这些政区调整，大的涉及两个政权之间的统治区域纷争，小的涉及乡、镇、村一级的区域调整。因自然灾害引发的政区调整，有成功，有失败，其中的经验教训却少有人总结，有必要从历史政治地理角度进行深入解读。

黄淮平原虽然都是平原地带，但地貌仍呈多样化，自然灾害频发，特别是水患受河流、湖泊地貌的影响，呈现不同的地域特点，因水利问题而发生的小区域争端不断，易危害社会稳定。例如鲁南苏北的沂沭泗流域，历来水利纠纷较多，至今尚未完全解决。明清时期，黄河流域、淮河流域、运河、南四湖、洪泽湖水患发生频率高，类型多样，河道变迁严重，南四湖、洪泽湖范围变化也大,水利纠纷不断,中央政府曾多次做出政区调整以响应水患。

金堤作为黄河的堤防,在西汉以来的黄河决溢灾害记录中屡见其名,原本是汉代东郡一带对黄河南岸堤岸的称呼,指东汉永平年间王景治河所筑黄河堤防,后世亦称之为金堤。此后,金堤这一名称一直代指今黄河中下游,尤其是河南、山东交界地区的黄河堤防。清咸丰五年,黄河在河南铜瓦厢决口后改道,导致黄河在开州、濮州附近与金堤等古堤以南游荡二十余年,至光绪三年(1877),清政府组织修筑了濮州至东阿的黄河堤防,使得黄河的河道开始稳定下来。于是自长垣、延津、封丘以下至山东张秋等地的雨水、坡水等,南限于新筑的黄河北堤,北限于历代遗存的金堤,别无出路,只能逐步向金堤以南一带自然汇集,逐渐形成数条较大的河流,沿南北堤岸的走向至张秋附近入运河。其中最大的一条因邻近金堤,故名金堤河。金堤河自清末形成之始,就始终面临着排水不畅的难题,内涝汛期若是受黄河洪水顶托时,则排水会更加困难;雪上加霜的是,其河道跨越了河南、直隶、山东三省,又对河道的疏浚治理造成了更大的困难。自明清以来,该地区一直是河北、河南、山东三省交界的地区,管理不易。1949年7月华北人民政府决定于鲁西南、豫北、冀南相邻地区成立平原省,金堤河流域全属平原省管辖。1952年底,平原省撤销后,其辖区并未按原归属关系恢复原状,原属河北省的开州(濮阳)、长垣、东明、南乐、清丰等县划归河南。如此重新划分后的省界,在金堤河流域形成了河南、山东分居上下游的水利关系。山东、河南两省于1964年底进行省界调整,撤销了寿张县,将其所属金堤河以南五个区并入范县,范县金堤河以北五个区划归莘县,并将范县划归河南省。通过此次省界调整,金堤河全流域基本都划归河南省管理，形成了今天河南与山东两省的省界现状。最为奇特的是，划归河南省的范县县城坐落在金堤河北岸山东省聊城市莘县境内，成为一大著名的景观，仅有一条公路与其主辖区相连，很多矛盾长期没有解决。

明清苏北地区地处黄河下游，京杭大运河贯穿其中，河患严重，很多州县饱受水患之苦。其三府一州共二十四个州县中，有八个州县共迁治十七次，因为水患迁治的为十一次，因战乱等因素迁治的仅六次。其他十六个州县虽未迁治，但亦受水患影响，睢宁和安东两县有迁治动议，但未完成。这些因水患导致的迁治集中发生在徐州府境，共十次，淮安府仅有一次，扬州府和海州直隶州没有发生治所迁移。

苏北地区影响治所迁移的水患主要来源于黄河。明清时期因水患进行的十一次治所迁移中，九次是因黄河决溢，占水患影响下迁治的82%，其余两次也与黄河威胁有关，可以说全部与黄河休戚相关，也皆发生在黄河（黄河侵占淮河河道也计入黄河）流经的徐州府、淮安府境，其他黄河未经过的府州没有因水患迁治。

水患影响治所迁移，但不是决定性因素。是否迁移治所是一项重大工程，牵涉政治因素、社会经济因素和自然因素，故迁徙次数极少。迁治耗费大量人力、物力、财力，是否迁治存在各种争论，最终迁或不迁是各种力量博弈的结果。有些县治虽饱受河患影响，但仍坚守旧治。这样的迁治频率相比其他地区是非常频繁的，但从明清两代五百多年的时段来看，特别是考虑到水患对治所的破坏，迁治次数则并不算多。这说明治所迁徙并非易事，我国政区治所有很强的继承性、固定性。

迁治时也会考虑地理因素。苏北、鲁西地区的治所也是为防水患尽量在政区范围内选择高地。但值得注意的是,迁治并不一定能完全防止水患,有些州县迁治后仍水患不断。为抵御水患,治所迁移后以砖石建城或者加高城墙以增强治所抵御水患的能力。

水患对城市破坏严重,严重影响当地经济发展。明初凤阳府治所移至凤阳县,但因淮河水患严重,经济凋敝,凤阳一县难以承担繁重的附郭义务。于是原先的附郭县临淮县虽然距离府治有二十里远,仍长期作为附郭县之一,承担相应义务,苦不堪言,直到万历三十二年才豁免。清初又令临淮县分担附郭的义务,却没有了附郭名义。由于经常受到淮水的冲击,也不需要像明代一样保护帝乡,临淮县在清代已经没有了设置的必要,最终在乾隆十九年被裁入凤阳县,改设临淮乡,又重新成为附郭县的一部分。

集镇一般被学界认为是自然生长的结果,具有经济发展的象征意义。我们研究发现,清代的苏北地区水患频仍,因水患迁移的集镇不少。水患影响下的湖泊涨溢,淹没周围集镇,在水退后会有部分土地露出水面,这部分土地则会重新划入乡里,纳入地方行政管理体系。另有一些集镇被淹没或冲毁后,并没有因此消亡,而是迁移到别处。宿迁县蒋店,咸丰十一年因骆马湖水泛滥,迁建新店。江都县瓜洲镇在不断的江水冲击下,迁移至四里埠。清河县王家营在康熙年间因水患三次迁移,康熙二十七年还是购买山阳县地作为镇址,带来山阳和清河两县县界的变化。以往学界认为明清江南市镇是自发生长的,但政府主导集镇迁移则说明政府对集镇也有很强的控制力,集镇的发展不完全是自发生长的。集镇被调整也促使我们反思集镇在清代处于一种什么样的基层地位。

从以上政治地理响应的政治因素来看,巡抚、河道总督、漕运总督以及中央、地方官员都可能涉及其中,这是黄淮平原地区政治管理的特色。从治所迁移、政区调整的最终选择方案来看,是集体智慧的体现,展示了一定程度的科学性,对我们今天的水患治理有很好的借鉴作用。

参考文献

一、古籍

[西汉]司马迁:《史记》,中华书局 1959 年版。

[东汉]班固:《汉书》,中华书局 1962 年版。

[西晋]陈寿:《三国志》,中华书局 1959 年版。

[南朝宋]范晔:《后汉书》,中华书局 1965 年版。

[唐]李百药:《北齐书》,中华书局 1972 年版。

[后晋]刘昫:《旧唐书》,中华书局 1975 年版。

[宋]欧阳修:《新唐书》,中华书局 1975 年版。

[宋]薛居正:《旧五代史》,中华书局 1976 年版。

[宋]彭百川:《太平治迹统类》,《景印文渊阁四库全书》第 408 册,台湾商务印书馆 1986 年版。

[宋]徐梦莘:《三朝北盟会编》,上海古籍出版社 1987 年版。

[金]佚名编:《大金吊伐录校补》,金少英校补,中华书局 2001 年版。

[元]脱脱等:《宋史》,中华书局 1977 年版。

[元]脱脱等:《金史》,中华书局 1975 年版。

[明]陈子龙等辑:《皇明经世文编》,《续修四库全书》第 1657 册,上海古籍出版社 2002 年版。

[明]刘基等:《大明清类天文分野之书》,《续修四库全书》第 585 册,上海古籍出版社 1995 年版。

[明]潘季驯:《河防一览》,《景印文渊阁四库全书》第 576 册,台湾商务印书馆 1986 年版。

[明]宋濂:《元史》,中华书局 1976 年版。

[明]王邦瑞:《王襄毅公集》,《原国立北平图书馆甲库善本丛书》第 754 册,国家图书馆出版社 2013 年版。
[明]项笃寿:《小司马奏草》,《续修四库全书》第 478 册,上海古籍出版社 2002 年版。
[明]章潢:《图书编》,《景印文渊阁四库全书》第 969 册,台湾商务印书馆 1986 年版。
[明]郑真:《荥阳外史集》,《景印文渊阁四库全书》第 1234 册,台湾商务印书馆 1986 年版。
[清]陈梦雷:《古今图书集成》,中华书局 1934 年版。
[清]傅泽洪:《行水金鉴》,商务印书馆 1937 年版。
[清]高晋:《南巡盛典》,文海出版社 1971 年版。
[清]顾炎武:《肇域志》,谭其骧、王文楚等点校,上海古籍出版社 2004 年版。
[清]顾祖禹:《读史方舆纪要》,中华书局 2005 年版。
[清]胡渭:《禹贡锥指》,邹逸麟整理,上海古籍出版社 2006 年版。
[清]黎世序等纂修:《续行水金鉴》,商务印书馆 1937 年版。
[清]梁章钜:《归田琐记》,中华书局 1981 年版。
[清]潘俊文:《现议山东治河说》,《清代诗文集汇编》编纂委员会编:《清代诗文集汇编》第 732 册,上海古籍出版社 2010 年版。
[清]潘俊文:《议黄河》,《清代诗文集汇编》编纂委员会编:《清代诗文集汇编》第 732 册,上海古籍出版社 2010 年版。
[清]宋荦:《筠廊二笔》,《筠廊偶笔・二笔・在园杂志》,上海古籍出版社 2012 年版。
[清]叶方恒纂:《山东全河备考》,《中国水利史典》运河卷二,中国水利水电出版社 2015 年版。
[清]叶圭绶:《续山东考古录》,咸丰元年刻本。
[清]于敏中等编纂:《日下旧闻考》,北京古籍出版社 1983 年版。
[清]张伯行:《居济一得》,《景印文渊阁四库全书》第 579 册,台湾商务印书馆 1986 年版。
[清]张泓:《滇南忆旧录》,《丛书集成初编》第 2969 册,商务印书馆 1936 年版。
[清]张廷玉等:《明史》,中华书局 1974 年版。
[清]周馥:《治水述要》,《周悫慎公全集》,1922 年秋浦周氏石印本。

《宋会要辑稿》,上海古籍出版社 2014 年版。
《明实录》,台湾“中研院”历史语言研究所 1962 年校印本。
《钦定大清会典事例(嘉庆朝)》,《近代中国史料丛刊》三编第 65 辑,文海出版社 1991 年版。
《钦定大清会典则例》,《景印文渊阁四库全书》第 620—625 册,台湾商务印书馆 1986 年版。
《清朝文献通考》,商务印书馆 1936 年版。
《清会典事例》第二册,中华书局 1991 年版。
《清实录》,中华书局 1985—1987 年版。
《续文献通考》,《景印文渊阁四库全书》,台湾商务印书馆 1986 年版。
赵尔巽等:《清史稿》,中华书局 1977 年版。
朱寿朋:《光绪朝东华录》,中华书局 1958 年版。

二、地理总志、地方志

[唐]李吉甫:《元和郡县志》,中华书局 1983 年版。
[宋]乐史:《太平寰宇记》,中华书局 2007 年版。
《寰宇通志》,《玄览堂丛书续集》第 41 册,国立中央图书馆 1947 年版。
成化《中都志》,《天一阁藏明代方志选刊续编》第 33 册,上海书店出版社 1990 年版。
正德《临漳县志》,《天一阁藏明代方志选刊续编》第 3 册,上海书店出版社 1990 年版。
嘉靖《范县志》,《天一阁藏明代方志选刊续编》第 61 册,上海书店出版社 1990 年版。
嘉靖《濮州志》,《天一阁藏明代方志选刊续编》第 61 册,上海书店出版社 1990 年版。
嘉靖《山东通志》,《天一阁藏明代方志选刊续编》第 51 册,上海书店出版社 1990 年版。
嘉靖《长垣县志》,《天一阁藏明代方志选刊》第 75 册,上海古籍书店 1964 年版。
李贤等撰:《大明一统志》,三秦出版社 1990 年版。
万历《巨野县志》,崇祯十年增刻本。
万历《兖州府志》,《天一阁藏明代方志选刊续编》第 54 册,上海书店出版社 1990 年版。

顺治《定陶县志》,顺治十二年刻本。
顺治《乐陵县志》,顺治十七年刻本。
康熙《曹县志》,康熙五十五年刻本。
康熙《曹州志》,中国科学院图书馆选编:《稀见中国地方志汇刊》第9册,中国书店出版社2007年版。
康熙《东阿县志》,康熙五十六年刻本。
康熙《凤阳府志》,“中国方志丛书”华中地方第697号,成文出版社1985年版。
康熙《河阴县志》,康熙三十年刻本。
康熙《临淮县志》,“中国方志丛书”华中地方第721号,成文出版社1985年版。
康熙《临清州志》,康熙十三年刻本。
康熙《山东通志》,康熙四十一年增修本。
康熙《单县志》,康熙五十七年刻本。
康熙《寿张县志》,康熙五十六年刻本。
康熙《睢宁县旧志》,“中国方志丛书”华中地方第131号,成文出版社1974年版。
康熙九年《河南通志》,康熙九年刻本。
雍正《河南通志》,《景印文渊阁四库全书》第535册,台湾商务印书馆1986年版。
雍正《山东通志》,乾隆元年刻本。
雍正《江都县志》,雍正七年刻本。
乾隆《重修桃源县志》,《中国地方志集成·江苏府县志辑》第57册,江苏古籍出版社1991年版。
乾隆《砀山县志》,《中国地方志集成·安徽府县志辑》第29册,江苏古籍出版社1998年版。
乾隆《定陶县志》,乾隆十八年刻本。
乾隆《甘肃通志》,乾隆元年刻本。
乾隆《江都县志》,《中国地方志集成·江苏府县志辑》第66册,江苏古籍出版社1991年版。
乾隆《江南通志》,《中国地方志集成》省志辑·江南,凤凰出版社2011年版。
乾隆《宁夏府志》,宁夏人民出版社1992年版。

乾隆《沛县志》,《故宫珍本丛刊》第 91 册,海南出版社 2001 年版。
乾隆《泗州志》,《中国地方志集成・安徽府县志辑》第 30 册,江苏古籍出版社 1998 年版。
乾隆《荥泽县志》,乾隆十三年刻本。
乾隆《仪封县志》,河南建华印刷所,1935 年。
乾隆《虞城县志》,乾隆八年刻本。
嘉庆《东昌府志》,嘉庆十三年刻本。
嘉庆《东台县志》,《中国地方志集成・江苏府县志辑》第 60 册,江苏古籍出版社 1991 年版。
嘉庆《高邮州志》,《中国地方志集成・江苏府县志辑》第 46 册,江苏古籍出版社 1991 年版。
嘉庆《海州直隶州志》,《中国地方志集成・江苏府县志辑》第 64 册,江苏古籍出版社 1991 年版。
嘉庆《萧县志》,《中国地方志集成・安徽府县志辑》第 29 册,江苏古籍出版社 1998 年版。
道光《济宁直隶州志》,《中国地方志集成・山东府县志辑》第 76 册,凤凰出版社 2008 年版。
道光《巨野县志》,《中国地方志集成・山东府县志辑》第 83 册,凤凰出版社 2008 年版。
道光《重修仪征县志》,《中国地方志集成・江苏府县志辑》第 45 册,江苏古籍出版社 1991 年版。
咸丰《邳州志》,《中国地方志集成・江苏府县志辑》第 63 册,江苏古籍出版社 1991 年版。
同治《徐州府志》,《中国地方志集成・江苏府县志辑》第 61 册,江苏古籍出版社 1991 年版。
光绪《安东县志》,《中国地方志集成・江苏府县志辑》第 56 册,江苏古籍出版社 1991 年版。
光绪《曹县志》,《中国地方志集成・山东府县志辑》第 84 册,凤凰出版社 2008 年版。
光绪《丹徒县志》,《中国地方志集成・江苏府县志辑》第 29 册,江苏古籍出版社 1991 年版。
光绪《东平州志》,《中国地方志集成・山东府县志辑》第 70 册,凤凰出版社 2008 年版。

光绪《丰县志》,《中国地方志集成·江苏府县志辑》第 65 册,江苏古籍出版社 1991 年版。
光绪《凤阳县志》,《中国地方志集成·安徽府县志辑》第 36 册,江苏古籍出版社 1998 年版。
光绪《淮安府志》,《中国地方志集成·江苏府县志辑》第 54 册,江苏古籍出版社 1991 年版。
光绪《利津县志》,《中国地方志集成·山东府县志辑》第 24 册,凤凰出版社 2008 年版。
光绪《临漳县志》,光绪三十一年刻本。
光绪《睢宁县志稿》,《中国地方志集成·江苏府县志辑》第 65 册,江苏古籍出版社 1991 年版。
光绪《鱼台县志》,《中国地方志集成·山东府县志辑》第 79 册,凤凰出版社 2008 年版。
光绪《沾化县志》,《中国地方志集成·山东府县志辑》第 25 册,凤凰出版社 2008 年版。
光绪《清河县志》,《中国地方志集成·江苏府县志辑》第 55 册,江苏古籍出版社 1991 年。
《皇朝地理志》(存 204 卷),台北故宫博物院藏。
[清]方瑞兰等修,江殿飏等纂:《泗虹合志》,《中国地方志集成·安徽府县志辑》第 30 册,江苏古籍出版社,1998 年。
[清]和珅等:《大清一统志》,《景印文渊阁四库全书》第 474—483 册,台湾商务印书馆 1986 年版。
[清]刘于义修:雍正《陕西通志》,《景印文渊阁四库全书》第 551—556 册,台湾商务印书馆 1986 年版。
[清]穆彰阿等纂修:《嘉庆重修一统志》,中华书局 1986 年版。
[清]诸可宝辑:《江苏全省舆图》,"中国方志丛书"华中地方第 144 号,成文出版社 1974 年版。
民国《封邱县续志》,开封新豫印刷所,1937 年。
民国《阜宁县新志》,《中国地方志集成·江苏府县志辑》第 60 册,江苏古籍出版社 1991 年版。
民国《赣榆县续志》,《中国地方志集成·江苏府县志辑》第 65 册,江苏古籍出版社 1991 年版。
民国《高淳县志》,《中国地方志集成·江苏府县志辑》第 34 册,江苏古籍出版社 1991 年版。
民国《济宁直隶州续志》,《中国地方志集成·山东府县志辑》第 77 册,凤凰出版社 2008 年版。
民国《江都县续志》,《中国地方志集成·江苏府县志辑》第 67 册,江苏古籍出版社 1991 年版。
民国《考城县志》,"中国方志丛书"华北地方第 456 号,成文出版社 1976 年版。
民国《沛县志》,《中国地方志集成·江苏府县志辑》第 63 册,江苏古籍出版社 1991 年版。
民国《邳志补》,《中国地方志集成·江苏府县志辑》第 63 册,江苏古籍出版社 1991 年版。
民国《齐河县志》,《中国地方志集成·山东府县志辑》第 13 册,凤凰出版社 2008 年版。
民国《青城续修县志》,济南五三美术印刷社,1935 年。
民国《泗阳县志》,《中国地方志集成·江苏府县志辑》第 56 册,江苏古籍出版社 1991 年版。
民国《宿迁县志》,《中国地方志集成·江苏府县志辑》第 58 册,江苏古籍出版社 1991 年版。
民国《铜山县志》,《中国地方志集成·江苏府县志辑》第 62 册,江苏古籍出版社 1991 年版。
民国《续丹徒县志》,《中国地方志集成·江苏府县志辑》第 30 册,江苏古籍出版社 1991 年版。
民国《续修兴化县志》,《中国地方志集成·江苏府县志辑》第 48 册,江苏古籍出版社 1991 年版。
民国《续修盐城县志稿》,《中国地方志集成·江苏府县志辑》第 59 册,江苏古籍出版社 1991 年版。
民国《沾化县志》,《中国地方志集成·山东府县志辑》第 25 册,凤凰出版社 2008 年版。
民国《重修沭阳县志》,《中国地方志集成·江苏府县志辑》第 57 册,江苏古籍出版社 1991 年版。
民国《齐东县志》,《中国地方志集成·山东府县志辑》第 30 册,凤凰出版社 2008 年版。
民国《济宁县志》,《中国地方志集成·山东府县志辑》第 78 册,凤凰出版社2008年版。
民国《萧山县志稿》,《中国地方志集成・浙江府县志辑》第11册,上海书店出版社1993年版。
山东省鱼台县史志办公室校注：康熙《鱼台县志》,中州古籍出版社1991年版。
山东省邹平县地方史志编纂委员会编:《邹平县志》,中华书局1992年版。
宿迁县地名委员会编:《江苏省宿迁县地名录》,1982年,内部印刷。
民国《利津县续志》,《中国地方志集成・山东府县志辑》第24册,凤凰出版社2008年版。
微山县地方志编纂委员会编:《微山县志》,山东人民出版社1997年版。
杨谷森编:《海复乡史》,晨灵文印社,2014年。
张煦侯:《淮阴风土记》,《淮安文献丛刻》第九辑,方志出版社2008年版。
张煦侯编著:《王家营志》,荀德麟点校,《淮安文献丛刻》第二辑,方志出版社2006年版。

三、档案、报告、条约

《中外旧约章汇编》第一册,王铁崖编,生活・读书・新知三联书店1957年版。
《宫中档乾隆朝奏折》第二十辑,台北故宫博物院1982年版。
《宫中档乾隆朝奏折》第十五辑,台北故宫博物院1982年版。
《霍尔果斯河界务案》,中华民国外交部政务司文书科编:《外交部交涉节要》,民国二年(1913)十一月。
《江苏宁属财政说明书》,经济学会铅印本,《续编清代稿抄本》第九九册,广东人民出版社2007年版。
《山东清理财政局编订全省财政说明书》,宣统年间铅印本,《清末民国财政史料辑刊》第14册,北京图书馆出版社2007年版。
《山东省河务行政沿习利弊报告书》,宣统二年六月山东调查局石印本。
查郎阿等:《奏报亲赴宁夏查勘地震灾情并办理赈恤情形事》,乾隆三年十二月二十日,中国第一历史档案馆录副奏折,档号:03-9304-035,缩微号:668-0362。
李秉衡奏:《奏为齐东县城迁徙所属驿站来往公文等项改道由章邱县接递等事》,光绪二十一年九月二十二日,朱批奏折,档号:04-01-

0027 - 012，缩微号：04 - 01 - 001 - 1436，中国第一历史档案馆藏。
两江总督萨载：《奏为遵旨查勘沛县建城地基事》，乾隆四十八年三月二十一日，中国第一历史档案馆录副奏折，档号：03 - 1135 - 007，缩微号：080 - 1373。
潘复：《山东南运湖河水利报告录要》，《中国水利史典》运河卷二，中国水利水电出版社 2015 年版。
山东南运湖河疏浚事宜筹办处编辑：《山东南运湖河疏浚事宜筹办处第一届报告·水利归复及受益田亩之调查》，山东南运湖河疏浚事宜筹办处，1915 年。
水利电力部水管司、水利水电科学研究院编：《清代淮河流域洪涝档案史料》，中华书局 1988 年版。
水利电力部水管司科技司、水利水电科学研究院编：《清代黄河流域洪涝档案史料》，中华书局 1993 年版。
水利水电科学研究院水利史研究室编：《清代海河滦河洪涝档案史料》，中华书局 1981 年版。
杨以增：《奏为沛县被水最重徐州道府各厅员捐银助赈使大半灾民得以安置等事》，咸丰元年闰八月初七日，中国第一历史档案馆录副奏片，档号：03 - 4180 - 022，缩微号：285 - 0162。
议政大臣协理户部事务讷亲：《题为遵议苏抚陈大受题勘明沛县昭阳湖水沉田地请蠲地漕钱粮事》，乾隆六年十二月初七日，户科题本，档号：02 - 0 - 04 - 13352 - 008，缩微号：02 - 01 - 04 - 07 - 082 - 0650，中国第一历史档案馆藏。
张廷玉、海望：《题为遵议江苏省勘明雍正十二年沛县昭阳湖水沉田地实系仍淹请旨豁免地丁等钱粮事》，乾隆元年五月二十七日，户科题本，档号：02 - 01 - 04 - 12824 - 001，缩微号：02 - 01 - 04 - 07 - 001 - 2266，中国第一历史档案馆藏。
浙江巡抚蒋攸铦：《奏为勘明海宁州属南沙地方今昔情形不同应行改隶萧山县管辖事》，嘉庆十六年九月十六日，中国第一历史档案馆录副奏折，档号：03 - 1467 - 007，缩微号：100 - 0938。
中国第一历史档案馆编：《乾隆朝上谕档》第 2 册，档案出版社 1991 年版。

四、今人著作

《黄河水利史述要》编写组：《黄河水利史述要》，黄河水利出版社 2003 年版。
《江苏政区通典》编纂委员会:《江苏政区通典》,中国大百科全书出版社 2007 年版。
蔡勤禹:《国家、社会与弱势群体——民国时期的社会救济(1927—1949)》,天津人民出版社 2003 年版。
蔡勤禹:《民间组织与灾荒救治——民国华洋义赈会研究》,商务印书馆 2005 年版。
蔡泰彬:《晚明黄河水患与潘季驯之治河》,乐学书局 1998 年版。
曹树基主编:《田祖有神——明清以来的自然灾害及其社会应对机制》,上海交通大学出版社 2007 年版。
岑仲勉:《黄河变迁史》,人民出版社 1957 年版。
陈金渊原著:《南通成陆》,陈炅校补,苏州大学出版社 2010 年版。
陈庆江:《明代云南政区治所研究》,民族出版社 2002 年版。
陈业新:《明至民国时期皖北地区灾害环境与社会应对研究》,上海人民出版社 2008 年版。
陈业新:《灾害与两汉社会研究》,上海人民出版社 2004 年版。
程森:《明清民国时期直豫晋鲁交界地区地域互动关系研究》,中国社会科学出版社 2017 年版。
池子华:《近代河北灾荒研究》,合肥工业大学出版社 2011 年版。
邓云特:《中国救荒史》,商务印书馆 1937 年版。
段伟:《禳灾与减灾:秦汉社会自然灾害应对制度的形成》,复旦大学出版社 2008 年版。
冯贤亮:《近世浙西的环境、水利与社会》,中国社会科学出版社 2010 年版。
冯贤亮:《明清江南地区的环境变动与社会控制》,上海人民出版社 2002 年版。
冯贤亮:《太湖平原的环境刻画与城乡变迁(1368—1912)》,上海人民出版社 2008 年版。
高建国、赵晓华主编:《灾害史研究的理论与方法》,中国政法大学出版社 2015 年版。
高建国、周琼主编:《中国西南地区灾荒与社会变迁》,云南大学出版社 2010 年版。
高凯:《地理环境与中国古代社会变迁三论》,天津古籍出版社 2006

年版。
高岚、黎德化主编：《华南灾荒与社会变迁》，华南理工大学出版社 2011 年版。
葛全胜、邹铭、郑景云：《中国自然灾害风险综合评估初步研究》，科学出版社 2008 年版。
郭子琦：《清代靳辅治理黄淮运三河研究》，“古代历史文化研究辑刊”五编第 21 册，花木兰文化出版社 2011 年版。
郝平、高建国主编：《多学科视野下的华北灾荒与社会变迁研究》，北岳文艺出版社 2010 年版。
郝平：《丁戊奇荒——光绪初年山西灾荒与救济研究》，北京大学出版社 2012 年版。
何汉威：《光绪初年(1876—1879)华北的大旱灾》，香港中文大学出版社 1980 年版。
赫治清主编：《中国古代灾害史研究》，中国社会科学出版社 2007 年版。
胡恒：《皇权不下县？清代县辖政区与基层社会治理》，北京师范大学出版社 2015 年版。
胡其伟：《环境变迁与水利纠纷——以民国以来沂沭泗流域为例》，上海交通大学出版社 2018 年版。
胡英泽：《流动的土地：明清以来黄河小北干流区域社会研究》，北京大学出版社 2012 年版。
华林甫：《中国地名学史考论》，社会科学文献出版社 2002 年版。
华林甫：《中国地名学源流》，湖南人民出版社 2002 年版。
黄河水利委员会水利科学研究院编：《黄河志》卷 5《黄河科学研究志》，河南人民出版社 2017 年版。
黄若惠：《唐玄宗时期黄河流域中下游水患》，“古代历史文化研究辑刊”二编第 16 册，花木兰文化出版社 2009 年版。
黄泽苍：《山东》，中华书局 1935 年版。
黄泽苍：《中国天灾问题》，商务印书馆 1935 年版。
霍松林主编：《中国古典小说六大名著鉴赏辞典》，华岳文艺出版社 1988 年版。
贾国静：《黄河铜瓦厢决口改道与晚清政局》，社会科学文献出版社 2019 年版。
贾国静：《水之政治：清代黄河治理的制度史考察》，中国社会科学出版社 2019 年版。
蒋君章:《政治地理学原理》,三民书局 1983 年版。
蒋武雄:《明代灾荒与救济政策之研究》,“古代历史文化研究辑刊”三编第 18 册,花木兰文化出版社 2010 年版。
靳环宇:《晚清义赈组织研究》,湖南人民出版社 2008 年版。
鞠明库:《灾害与明代政治》,中国社会科学出版社 2011 年版。
康沛竹:《灾荒与晚清政治》,北京大学出版社 2002 年版。
李步嘉:《越绝书校释》,武汉大学出版社 1992 年版。
李嘎:《旱域水潦: 水患语境下山陕黄土高原城市环境史研究(1368—1979 年)》,商务印书馆 2019 年版。
李军:《传统社会的救灾制度体系》,中国农业出版社 2011 年版。
李令福:《明清山东农业地理》,台湾五南图书出版公司 2002 年版。
李庆华:《鲁西地区的灾荒、变乱与地方应对(1855—1937)》,齐鲁书社 2008 年版。
李文海、夏明方主编:《天有凶年: 清代灾荒与中国社会》,生活·读书·新知三联书店 2007 年版。
李向军:《清代荒政研究》,中国农业出版社 1995 年版。
梁必骐主编:《广东的自然灾害》,广东人民出版社 1993 年版。
刘炳涛:《明清小冰期: 气候重建与影响——基于长江中下游地区的研究》,中西书局 2020 年版。
刘翠溶、[英]伊懋可:《积渐所至: 中国环境史论文集》,台湾“中研院”经济研究所 2000 年版。
马俊亚:《被牺牲的“局部”: 淮北社会生态变迁研究(1680—1949)》,北京大学出版社 2011 年版。
苗艳丽:《北洋政府时期云南民间社团灾荒救治研究》,社会科学文献出版社 2020 年版。
彭安玉:《明清苏北水灾研究》,内蒙古人民出版社 2006 年版。
浦善新:《中国行政区划改革研究》,商务印书馆 2006 年版。
曲延庆:《邹平通史》,中华书局 1999 年版。
石涛:《北宋时期自然灾害与政府管理体系研究》,社会科学文献出版社 2010 年版。
史念海:《中国的运河》,陕西人民出版社 1988 年版。
史为乐主编:《中国历史地名大辞典》,中国社会科学出版社 2005 年版。

史卫东、贺曲夫、范今朝:《中国“统县政区”和“县辖政区”的历史发展与当代改革》,东南大学出版社 2010 年版。
水利电力部黄河水利委员会:《人民黄河》,水利电力出版社 1959 年版。
苏新留:《民国时期河南水旱灾害与乡村社会》,黄河水利出版社 2004 年版。
孙绍骋:《中国救灾制度研究》,商务印书馆 2004 年版。
汪汉忠:《灾害、社会与现代化:以苏北民国时期为中心的考察》,社会科学文献出版社 2005 年版。
汪胡桢:《整理运河工程计划书》,《中国水利史典》运河卷二,中国水利水电出版社 2015 年版。
王恩涌、王正毅、楼耀亮等:《政治地理学——时空中的政治格局》,高等教育出版社 1998 年版。
王嘉荫编著:《中国地质史料》,科学出版社 1963 年版。
王建革:《传统社会末期华北的生态与社会》,生活·读书·新知三联书店 2009 年版。
王建革:《江南环境史研究》,科学出版社 2016 年版。
王建革:《农牧生态与传统蒙古社会》,山东人民出版社 2006 年版。
王建革:《水乡生态与江南社会(9—20 世纪)》,北京大学出版社 2013 年版。
王建华:《山西灾害史》,三晋出版社 2014 年版。
王静爱、史培军、王平、王瑛:《中国自然灾害时空格局》,科学出版社 2006 年版。
王利华主编:《中国历史上的环境与社会》,生活·读书·新知三联书店 2007 年版。
王龙章编:《中国历代灾况与振济政策》,独立出版社 1942 年版。
王培华:《元代北方灾荒与救济》,北京师范大学出版社 2010 年版。
王尚义:《历史流域学的理论与实践》,商务印书馆 2019 年版。
王树槐:《中国现代化的区域研究:江苏省 1860—1916》,台湾“中研院”近代史研究所 1985 年版。
王颋:《完颜金行政地理》,香港天马出版有限公司 2005 年版。
王文涛:《秦汉社会保障研究——以灾害救助为中心的考察》,中华书局 2007 年版。
王元林、孟昭锋:《自然灾害与历代中国政府应对研究》,暨南大学出版社 2012 年版。
魏光兴、孙昭民主编:《山东省自然灾害史》,地震出版社 2000 年版。
吴必虎:《历史时期苏北平原地理系统研究》,华东师范大学出版社 1996 年版。
吴海涛:《淮北的盛衰——成因的历史考察》,社会科学文献出版社 2005 年版。
吴海涛主编:《淮河流域环境变迁史》,黄山书社 2017 年版。
武同举:《淮系年表》,《中国水利史典》淮河卷一,中国水利水电出版社 2015 年版。
夏明方:《民国时期自然灾害与乡村社会》,中华书局 2000 年版。
谢丽:《清代至民国时期农业开发对塔里木盆地南缘生态环境的影响》,上海人民出版社 2008 年版。
徐建平:《政治地理视角下的省界变迁——以民国时期安徽省为例》,上海人民出版社 2009 年版。
延军平等:《重大自然灾害时空对称性再研究》,科学出版社 2015 年版。
阎守诚主编:《危机与应对:自然灾害与唐代社会》,人民出版社 2008 年版。
杨鹏程等:《湖南灾荒史》,湖南人民出版社 2008 年版。
杨琪:《民国时期的减灾研究(1912—1937)》,齐鲁书社 2009 年版。
杨伟兵:《云贵高原的土地利用与生态变迁(1659—1912)》,上海人民出版社 2008 年版。
杨伟兵主编:《明清以来云贵高原的环境与社会》,东方出版中心 2010 年版。
杨学新、郑清坡主编:《海河流域灾害、环境与社会变迁》,河北大学出版社 2018 年版。
杨煜达:《清代云南季风气候与天气灾害研究》,复旦大学出版社 2006 年版。
叶灵凤(署名叶林丰):《香港方物志》,中华书局(香港)1958 年版。
尹钧科、于德源、吴文涛:《北京历史自然灾害研究》,中国环境科学出版社 1997 年版。
尹玲玲:《明清两湖平原的环境变迁与社会应对》,上海人民出版社 2008 年版。
于德源:《北京灾害史》,同心出版社 2008 年版。

袁祖亮主编:《中国灾害通史》,郑州大学出版社 2008—2009 年版。
张崇旺:《淮河流域水生态环境变迁与水事纠纷研究》,天津古籍出版社 2015 年版。
张崇旺:《明清时期江淮地区的自然灾害与社会经济》,福建人民出版社 2006 年版。
张涛、项永琴、檀晶:《中国传统救灾思想研究》,社会科学文献出版社 2009 年版。
张文范主编:《中国行政区划研究》,中国社会出版社 1991 年版。
张修桂:《中国历史地貌与古地图研究》,社会科学文献出版社 2006 年版。
张艳丽:《嘉道时期的灾荒与社会》,人民出版社 2008 年版。
赵明奇:《徐州自然灾害史》,气象出版社 1994 年版。
甄尽忠:《先秦社会救助思想研究》,中州古籍出版社 2008 年版。
中共滨州市委组织部等编:《中国共产党山东省滨州市组织史资料(1939—1987)》,山东省出版总社惠民分社 1989 年版。
中国科学院《中国自然地理》编辑委员会:《中国自然地理·历史自然地理》,科学出版社 1982 年版。
中国水利水电科学研究院水利史研究室编校:《再续行水金鉴》第 3 册,湖北人民出版社 2004 年版。
周振鹤:《中国历史政治地理十六讲》,中华书局 2013 年版。
周振鹤主编,郭红、靳润成著:《中国行政区划通史·明代卷》,复旦大学出版社 2007 年版。
周振鹤主编,周振鹤、李晓杰著:《中国行政区划通史·总论、先秦卷》,复旦大学出版社 2009 年版。
周振鹤主编,余蔚著:《中国行政区划通史·辽金卷》,复旦大学出版社 2012 年版。
朱浒:《地方性流动及其超越:晚清义赈与近代中国的新陈代谢》,中国人民大学出版社 2006 年版。
朱浒:《民胞物与:中国近代义赈(1876—1912)》,人民出版社 2012 年版。
竺可桢:《竺可桢全集》第一卷,上海科技教育出版社 2004 年版。
祝鹏:《上海市沿革地理》,学林出版社 1989 年版。
邹逸麟、张修桂主编:《中国历史自然地理》,科学出版社 2013 年版。

邹逸麟:《千古黄河》,中华书局(香港)有限公司 1990 年版。
邹逸麟:《中国历史地理概述(第三版)》,上海教育出版社 2013 年版。

五、今人论文

《第 44 届联合国大会〈国际减轻自然灾害十年国际行动纲领〉》,载范宝俊主编:《中国国际减灾十年实录》,当代中国出版社 2000 年版。
《中国代表团团长范宝俊在世界减灾大会上的发言》(1994 年 5 月 23 日),载范宝俊主编:《中国国际减灾十年实录》,当代中国出版社 2000 年版,第 55—56 页。
《中华人民共和国减灾规划(1998—2010 年)》,载范宝俊主编:《中国国际减灾十年实录》,当代中国出版社 2000 年版。
包茂红:《解释中国历史的新思维:环境史——评述伊懋可教授的新著〈象之退隐:中国环境史〉》,《中国历史地理论丛》2004 年第 3 期。
卜风贤:《政区调整与灾害应对:历史灾害地理的初步尝试》,载郝平、高建国主编:《多学科视野下的华北灾荒与社会变迁研究》,北岳文艺出版社 2010 年版。
卜风贤:《三国魏晋南北朝时期农业灾害时空分布研究》,《中国农学通报》2004 年第 5 期。
卜风贤:《周秦两汉时期农业灾害时空分布研究》,《地理科学》2002 年第 4 期。
曹怀之:《寿张县县治沿革考》,台前县地方史志编纂委员会编《台前县志》附录,中州古籍出版社 2001 年版。
陈隆文:《水患与黄河流域古代城市的变迁研究——以河南汜水县城为研究对象》,《河南大学学报(社会科学版)》2009 年第 5 期。
陈隆文:《黄河水患与历代睢县城址的变迁》,《三门峡职业技术学院学报》2012 年第 3 期。
成一农:《中国古代城市选址研究方法的反思》,《中国历史地理论丛》2012 年第 1 期。
邓辉、姜卫峰:《1464—1913 年华北地区沙尘暴活动的时空特点》,《自然科学进展》2006 年第 5 期。
邓辉、夏正楷、王琫瑜:《从统万城的兴废看人类活动对生态环境脆弱地区的影响》,《中国历史地理论丛》2001 年第 2 期。
段伟、李幸:《明清时期水患对苏北政区治所迁移的影响》,《国学学刊》

2017 年第 3 期。
段伟、李幸：《水患对集镇迁移的影响——以清代清河县王家营等为例》，载《历史地理》第 33 辑，上海人民出版社 2016 年版。
段伟：《黄河水患对明清鲁西地区州县治所迁移的影响》，《中国社会科学院研究生院学报》2021 年第 2 期。
段伟：《清代政府对沉田赋税的管理——以江苏、安徽、山东地区为中心》，《苏州大学学报(哲学社会科学版)》2020 年第 1 期。
段伟：《挣脱不了的附郭命运：明清时期凤阳府临淮县的设置与裁并》，《复旦学报(社会科学版)》2020 年第 4 期。
段伟：《自然灾害与中国古代的行政区划变迁说微》，载《历史地理》第 26 辑，上海人民出版社 2012 年版。
傅筑夫：《殷代的游农与殷人的迁居——殷代农业的发展水平和相应的土地制度和剥削关系》，载《中国经济史论丛》(上)，生活・读书・新知三联书店 1980 年版。
高源：《鱼台县城址变迁析》，《西安社会科学》2011 年第 3 期。
龚国元：《黄淮海平原范围的初步探讨》，载左大康主编：《黄淮海平原治理和开发》第一集，科学出版社 1985 年版。
古帅：《黄河因素影响下的山东西部区域人文环境(1855—1911)》，《中国历史地理论丛》2020 年第 3 期。
古帅：《水患、治水与城址变迁——以明代以来的鱼台县城为中心》，《地方文化研究》2017 年第 3 期。
郭声波：《历史政治地理常用概念标准化举要》，《中国历史地理论丛》2017 年第 1 期。
何平：《论清代赋役制度的定额化特点》，《北京社会科学》1997 年第 2 期。
胡梦飞：《明清时期苏北地区水神信仰的历史考察——以运河沿线区域为中心》，《江苏社会科学》2013 年第 3 期。
胡英泽：《河道变动与界的表达——以清代至民国的山、陕滩案为中心》，载常建华主编：《中国社会历史评论》第 7 卷，天津古籍出版社 2006 年版。
姬树明、俞凤斌：《凤阳・凤阳府与凤阳县》，载安徽省滁州市政协文史资料委员会编：《皖东文史》第五辑，2004 年内部印刷。
贾铁飞、施汶好、郑辛酉等：《近 600 年来巢湖流域旱涝灾害研究》，《地理科学》2012 年第 1 期。
李大旗:《北宋黄河河患与城市的迁移》,《史志学刊》2017 年第 1 期。
李德楠、胡克诚:《从良田到泽薮:南四湖“沉粮地”的历史考察》,《中国历史地理论丛》2014 年第 4 期。
李德楠:《水环境变化与张秋镇行政建置的关系》,载《历史地理》第 28 辑,上海人民出版社 2013 年版。
李嘎:《“罔恤邻封”:北方丰水区的水利纷争与地域社会——以清前中期山东小清河中游沿线为例》,《中国社会经济史研究》2011 年第 4 期。
李嘎:《水患与山西荣河、河津二城的迁移——一项长时段视野下的过程研究》,载《历史地理》第 32 辑,上海人民出版社 2015 年版。
李光:《宋以前甘肃地方历史政治地理概略》,《社会科学》1983 年第 3 期。
李绍先:《三星堆古城的毁弃与地震洪水灾害》,《四川工程职业技术学院学报》2012 年第 2 期。
李泰初:《汉朝以来中国灾荒年表》,《新建设》1931 年第 14 期。
李燕、黄春长、殷淑燕等:《古代黄河中游的环境变化和灾害——对都城迁移发展的影响》,《自然灾害学报》2007 年第 6 期。
刘毅、杨宇:《历史时期中国重大自然灾害时空分异特征》,《地理学报》2012 年第 3 期。
刘宗权:《刘英儒宪控沉粮》,载中国人民政治协商会议微山县委员会文史资料委员会编:《微山文史资料》第 2 辑,1988 年,内部印刷。
吕一燃:《中俄霍尔果斯河界务研究——从〈伊犁条约〉到〈沿霍尔果斯河划界议定书〉》,《近代史研究》1990 年第 5 期。
马强、杨霄:《明清时期嘉陵江流域水旱灾害时空分布特征》,《地理研究》2013 年第 2 期。
满志敏:《光绪三年北方大旱的气候背景》,《复旦学报(社会科学版)》2000 年第 6 期。
满志敏:《明崇祯末年大蝗灾时空特征研究》,载《历史地理》第 6 辑,上海人民出版社 1988 年版。
毛阳光:《唐代灾害救济实效再探讨》,《中国经济史研究》2012 年第 1 期。
孟蝉、殷淑燕:《清末以来陕西省汉江上游暴雨洪水灾害研究》,《干旱区资源与环境》2012 年第 5 期。

孟祥晓：《水患与漳卫河流域城镇的变迁——以清代魏县城为例》，《农业考古》2011 年第 1 期。
孟昭锋：《论宋代黄河水患与行政区划的变迁》，《兰台世界》2010 年第 33 期。
施和金：《论江苏历史上的坍江之灾及其社会影响》，《历史地理》第 15 辑，上海人民出版社 1999 年版。
史念海：《历史时期黄河在中游的侧蚀》，载《河山集（二集）》，生活·读书·新知三联书店 1981 年版。
孙景超、耿楠：《黄河与河南地名》，《殷都学刊》2010 年第 3 期。
谭其骧：《上海得名和建镇的年代问题》，载《长水集》下，人民出版社 2009 年版。
谭其骧：《自汉至唐海南岛历史政治地理——附论梁隋间高凉冼夫人功业及隋唐高凉冯氏地方势力》，《历史研究》1988 年第 5 期。
王宝卿、宋丽萍、孙宁波：《明清以来自然灾害及其影响研究——以山东为例（1368—1949 年）》，《青岛农业大学学报（社会科学版）》2012 年第 4 期。
王浩远：《从骆谷道到佛坪厅——秦岭深处的天与人》，《中国历史地理论丛》2013 年第 2 期。
王家范：《明清江南的“市镇化”》，《东方早报·上海书评》2013 年 7 月 14 日。
王娟、卜风贤：《古代灾后政区调整基本模式探究》，《中国农学通报》2010 年第 6 期。
王均：《淮河下游水系变迁及黄运关系变迁的初步研究》，载张义丰、李良义、钮仲勋主编：《淮河地理研究》，测绘出版社 1993 年版。
吴海涛、金光：《清代苏北集市镇发展论述》，《中国社会经济史研究》2002 年第 3 期。
吴朋飞、李娟、费杰：《明代河南大水灾城洪涝灾害时空特征分析》，《干旱区资源与环境》2012 年第 5 期。
武玉环：《论金朝的防灾救灾思想》，《史学集刊》2010 年第 3 期。
肖青：《北川新县城选址敲定安县安昌镇》（2008 年 12 月 10 日），http://society.people.com.cn/GB/41158/8497870.html，最后浏览时间：2019 年 11 月 8 日。
谢湜：《“利及邻封”——明清豫北的灌溉水利开发和县际关系》，《清史研究》2007 年第 2 期。
熊正瑞:《旧时进贤县政府概况》,《进贤风物》1989 年第 11 期。
许鹏:《清代政区治所迁徙的初步研究》,《中国历史地理论丛》2006 年第 2 期。
颜丽金:《试析历史政治地理对泉州广州的影响——兼论广州长兴与泉州昙花一现之因》,《广州广播电视大学学报》2003 年第 2 期。
颜元亮、姚汉源:《清代黄河铜瓦厢决口》,载中国科学院、水利电力部水利水电科学研究院编:《科学研究论文集》第 25 集,水利电力出版社 1986 年版。
杨霄:《1570—1971 年长江镇扬河段江心沙洲的演变过程及原因分析》,《地理学报》2020 年第 7 期。
俞孔坚、张蕾:《黄泛平原古城镇洪涝经验及其适应性景观》,《城市规划学刊》2007 年第 5 期。
于云洪:《明清时期黄河水患对下游城市的影响》,载《黄河文明与可持续发展》第 10 辑,河南大学出版社 2014 年版。
张乐锋:《明代孟津县城迁移时间考》,载《历史地理》第 31 辑,上海人民出版社 2015 年版。
张文华、胡谦:《汉代救荒对策论略》,《延安大学学报(社会科学版)》2002 年第 3 期。
张修桂:《崇明岛形成的历史过程》,《复旦学报(社会科学版)》2005 年第 3 期。
张研:《清代县以下行政区划》,《安徽史学》2009 年第 1 期。
章生道:《城治的形态与结构研究》,载[美]施坚雅主编:《中华帝国晚期的城市》,叶光庭等译,陈桥驿校,中华书局 2000 年版。
赵景波、邢闪、周旗:《关中平原明代霜雪灾害特征及小波分析研究》,《地理科学》2012 年第 1 期。
周振鹤:《犬牙相入还是山川形便? 历史上行政区域划界的两大原则》(上、下),《中国方域》1996 年第 5、6 期。
朱圣钟:《明清时期四川凉山地区水旱灾害时空分布特征》,《地理研究》2012 年第 1 期。
竺可桢:《论祈雨禁屠与旱灾》,《东方杂志》1926 年第 13 期。
竺可桢:《中国近五千年来气候变迁的初步研究》,《考古学报》1972 年第 1 期。

竺可桢:《中国历史上之旱灾》,《史地学报》1925年第6期。
竺可桢:《中国历史时代之气候变迁》,朱炳海译,《国风半月刊》1933年第4期。
邹逸麟:《清代集镇名实初探》,《清史研究》2010年第2期。

六、学位论文

崔立钊:《清中叶以来黄河改道与冀鲁豫三省交界地区的政区调整》,复旦大学硕士学位论文,2014年。
戴辉:《清初赋役制度改革及其弊端》,云南师范大学硕士学位论文,2004年。
管震:《清代云南政区治所的迁徙》,云南大学硕士学位论文,2009年。
郭林林:《人文化石——河南政区地名文化研究》,暨南大学硕士学位论文,2008年。
李健红:《明清时期鲁西地区水患对政区调整的影响》,复旦大学硕士学位论文,2016年。
李幸:《明清时期苏北水患对政区调整的影响》,复旦大学硕士学位论文,2015年。
李燕:《古代黄河中游环境变化和灾害对于都市迁移发展的影响研究》,陕西师范大学硕士学位论文,2007年。
刘炳阳:《明清时期河南政区研究》,河南大学硕士学位论文,2008年。
王亚利:《魏晋南北朝灾害研究》,四川大学博士学位论文,2003年。
赵明辉:《历史政治地理视野下的护法运动研究》,云南大学硕士学位论文,2017年。

七、国外学者论著

A. Mawer and F. M. Stenton (ed.), *Introduction to the Survey of English Placenames*, Cambridge University Press, 1980.
Amelung Iwo, *Der Gelbe Fluß in Shandong (1851 - 1911): Überschwemmungskatastrophen und ihre Bewältigung im China der späten Qing*, Harrassowitz Verlag · Wiesbaden, 2000.
(德)阿梅龙:《"黄河"在德国》,载《真实与建构:中国近代史及科技史新探》,孙青译,社会科学文献出版社2019年版。
(美)艾志端:《铁泪图:19世纪中国对于饥馑的文化反应》,曹曦译,江苏人民出版社 2011 年版。
(美)戴维·艾伦·佩兹:《工程国家:民国时期(1927—1937)的淮河治理及国家建设》,姜智芹译,江苏人民出版社 2011 年版。
(美)戴维·艾伦·佩兹:《黄河之水:蜿蜒中的现代中国》,姜智芹译,中国政法大学出版社 2017 年版。
高橋孝助:『飢饉と救済の社会史』、青木書店、2006 年。
H. C. Darby, *The Draining of the Fens*, Cambridge University Press, 1940.
Mark Elvin, *The Retreat of the Elephants: An Environmental History of China*, New Haven: Yale University Press, 2004. 中文版为《大象的退却——一部中国环境史》,梅雪芹、毛利霞、王玉山译,江苏人民出版社 2014 年版。
Micah S. Muscolino, *The Ecology of War in China: Henan Province, the Yellow River, and Beyond, 1938 - 1950*, Cambridge University Press, 2015. 中文版为《洪水与饥荒:1938 至 1950 年河南黄泛区的战争与生态》,亓民帅、林炫羽译,九州出版社 2021 年版。
(美)马罗立:《饥荒的中国》,吴鹏飞译,民智书局 1929 年版。
(苏)普罗霍罗夫:《关于苏中边界问题》,商务印书馆 1977 年版。
Randall A. Dodgen, *Controlling the Dragon: Confucian Engineers and Yellow River in Late Imperial China*, University of Hawai'i Press, 2001.
(法)魏丕信:《十八世纪中国的官僚制度与荒政》,江苏人民出版社 2003 年版。
細見和弘:『山東農村社会と黄河治水』、森時彦主編:『中国近代の都市と農村』、京都大学人文科学研究所、2001 年、63—86 頁。
(美)易明:《一江黑水:中国未来的环境挑战》,姜智芹译,江苏人民出版社 2011 年版。
佐藤武敏:『中国災害史年表』、国書刊行会、1993 年。

后　记

需要提笔写后记了，心中不免怆然，感慨万千！千言万语，真不知从何写起！

1999年我在首都师范大学历史系跟随阎守诚先生读研，即开始收集秦汉时期灾害资料，被引导进入灾害史研究的大门，似乎就是数年前的事——但实际已是二十多年前的久远回忆了。2021年适逢阎先生八秩华诞，学生无以报师恩，只能以此陋书汇报学习，恭祝老师和师母健康长寿！

2005年博士毕业，我有幸进入复旦大学历史学博士后工作站，跟随邹逸麟先生学习历史地理，协助编撰国家大清史项目《清史·地理志》，主要做历史政治地理研究。2007年出站留校工作后，我也一直在思考如何结合自己的特长做好历史地理的研究。邹先生不仅对灾害史有深入研究，更是历史地理大家，长期研究黄河史、运河史，主编有经典著作《黄淮海平原历史地理》。在邹先生的悉心指导和熏陶下，我受益良多，希望能发挥研究过灾害史与历史政治地理的长处，将两者结合起来讨论。适逢2009年日本学习院大学计划在次年2月召开“东亚海文明的历史和环境——中韩日研究者探讨东亚海文明的未来前景”国际会议，我受命参加会议。提交什么论文呢?会议方提供的备选主题之一是"从水利和灾害看东亚史",我当即决定从灾害的角度研究中国古代的行政区划变迁,提交论文《从水利和灾害看东亚史——自然灾害与中国古代的行政区划变迁》。在撰写论文时,赶上申报教育部基金,于是以"自然灾害引发的中国古代行政区划变迁研究"为主题申报,成功获得 2010 年教育部人文规划基金(项目批准号:10YJA770011)资助,开始集中关注自然灾害与行政区划变动之间的互动关系。当时实际参加项目的有我指导的两位研究生以及两位刚工作不久的同门好友。该项目已于 2015 年顺利结题。

"自然灾害引发的中国古代行政区划变迁研究"主要是以中国古代的各种灾害为切入点,考察历史政治地理对其的响应。在进行研究的过程中,我越发感觉到明清时期黄河水患对黄淮平原上的政治地理影响深远,于是聚焦明清时期的黄淮平原地区,探究中国古代自然灾害对行政区划的影响,2015 年 6 月获得国家社科基金项目"明清时期黄淮平原的水患对政区调整的影响"(项目批准号:15BES020)资助,以求以水患为切入点,更深入地探讨自然灾害与政区变动之间的关系。

在项目进行过程中,与一些学界同好交流颇多。经过数年准备,于 2019 年 4 月 20 日在复旦大学召开第一期"自然灾害与政区变动"工作坊。感谢淮阴师范学院李德楠老师、中国矿业大学胡其伟老师、中国社会科学院孙景超老师、北京市社会科学研究院李诚老师、复旦大学孙涛老师、浙江大学申志锋博士(今任职于郑州大学历史学院)、复旦大学古帅博士(今任职于山东财经大学文学与新闻传播学院)、方志龙博士的热情参加,共发表九篇论文。大家畅所欲言，激情迸发，遂定于2020年在江苏淮安举行第二期，惜因突如其来的新冠疫情没有实现，只能视疫情另寻良机。本人还组织课题组成员以“水患与城市变迁”为小组讨论主题，参加2019年8月28—30日在台北召开的“明清研究国际学术研讨会”，感谢上海交通大学陈业新老师、复旦大学冯贤亮老师和中山大学陈冰老师的热情参加，在会上发表四篇论文，反响也非常热烈。

本书正文七章实际是以上两个项目的部分成果结集，多为已经发表的论文修改而成。这些章节有的是我与指导的两位研究生李幸、李健红合作完成的。李幸以《明清时期苏北水患对政区调整的影响》为题于2015年获得硕士学位，李健红以《明清时期鲁西地区水患对政区调整的影响》为题于2016年获得硕士学位。她们两位的前期基础工作，为本书的顺利完成奠定了重要基础。我们也一起合作发表了数篇文章，本书可以说是我们三人共同的研究成果，当然，本书的错漏之处责任在我，与她们无关。书稿在编排方面还得到了我指导的首届研究生何滢编辑的专业帮助，博士生段琪帮我核对了全文。

本书内容涉及安徽、江苏、山东境内的黄淮地区，较为深入地挖掘了水患对政区、治所、城市、土地利用的影响。我本来计划还要对黄淮平原的河南省地区予以重点考察，但限于时间、精力和能力，短期内实在无法进行，只能期待以后弥补了，故本书对明清时期黄淮平原水患与政区调整的互动关系阐述还不够全面，书写方式也存在很多不足，敬请方家批评指正。

本书作为历史地理研究成果，本应绘制多幅示意图予以展示。实际上，本书相关部分作为单篇论文发表时附有示意图，但考虑到现在即使是示意图也需要花时间去审核，我觉得实在没有必要，特全部删除。有意参阅地图的读者，推荐选用华林甫主编的《清史地图集》(中国地图出版社即将出版)，这部地图集中的小地名比较丰富，我们进行过详细考证。

2019 年 12 月，我提交国家社科基金项目结项报告，获得通过，开始着手修改本书稿，希望在之后的一两年内出版。时值邹逸麟先生因病住院，我曾请先生病愈后为拙稿赐序，获得许可。但 2020 年 6 月 19 日清晨先生不幸离去，遽归道山，我再也听不到先生的谆谆教诲了，无心也不想再为本书另谋序了。

本书的出版得益于我工作的单位复旦大学历史地理研究中心的大力资助，弥补了出版经费的不足。吴松弟、张伟然、李晓杰三位教授评阅后对本书的修改提出了良好建议，特别是张伟然教授多年来一直关心我探讨的课题，引导我努力从历史政治地理研究视角去思考灾害问题。还有其他本所前辈、年轻同事们以及学界好友对于我的各种帮助，铭记在心，不一一列名，在此一并致谢！感谢复旦大学出版社王卫东总编和赵楚月编辑，他们专业的工作为本书减少了不少谬误。

是为记。

2021 年 5 月 1 日

补　记

6月19日，就在同门拜祭邹逸麟先生，共同回忆邹先生对我们的教诲，总结先生的学术思想之际，当晚，高凯兄不幸也因病追随邹先生而去。自2005年我到复旦工作之后，与高兄相识，至今已有16年。他性情耿直，对学问一往情深，尊师重道，对入门稍晚的我关爱有加，时常讲解学界掌故。2013年他和我商谈一起主编《中国灾害志·断代卷·秦汉魏晋南北朝卷》，他做主编，主要负责撰写魏晋南北朝部分，陈业新兄与我副之，负责撰写秦汉部分。虽然我已经不愿再涉足秦汉史研究，但对于他的诚挚邀请，我实在难以拒绝，并于2015年12月完成秦汉部分。2014年高兄已经查出重病，但他仍以顽强毅力，坚持工作，于2017年完成魏晋南北朝部分。后经多次统稿、修改，今年4月杨春岩编辑告诉我可以在5月后印刷出版。5月18日，高兄微信中谈到，自4月27日重入瘫痪，肺癌除骨转移和脑转移外，肝脏脾脏等全面转移，恐命不久矣。我虽然回复他“也许吉人天相，能迎来好转，毕竟已经有5年了，说明以往的调理还是有一定效果的。您一定要放松心情，其他所有单位事情一概不理”，但内心是惶恐的，准备在7月初一定去郑州看望他。6月15日，高兄微信我，杨春岩编辑告知他，书已经出版，可以寄送样书和稿费了，需要我提供各位参加者的信息。我不禁欣喜，能让高兄见到我们同门三人一起合作的成果，是对他最好的安慰。6月19日中午，我和陈业新、冯贤亮二兄从旦苑餐厅回到我的办公室，从门框上取下刚邮寄来的样书，立即展示给他们看。陈业新说刚手机提示，有快递送到上海交通大学了，应该是此书。我在想，高兄今天应该也能收到，能够在今天收到样书，也算是为我们三人这次向邹先生汇报工作，老天有意安排的呀。次日8时，高兄精心培育的高足赵鹏璞老师在邹先生纪念群中泣告，高兄在19日晚已经故去。我不敢打听，只是内心希望高兄已经收到样书，能够亲手抚摸我们三人的合作成果，不会责怪我最后统稿时没有做得更好。昨日，嫂夫人说高兄即将于6月29日归葬于家乡湖南桃江，那是他去年前去精心挑选的墓地，可以陪伴在他母亲身边。高兄对双亲极为孝顺，其父高敏先生与夫人先后离世，对他打击很大。愿桃江的青山绿水能抚慰高兄的病痛！本书的写作内容虽与高兄无关，但高兄与我合作灾害史研究，并曾共商今后如何进一步合作，他遽归道山，使我失去了一位良师益友，我无法忘记他。

2021年6月25日夜于复旦书馨公寓

图书在版编目(CIP)数据

历史政治地理对水患的响应:以明清时期的黄淮平原为中心/段伟著.
—上海:复旦大学出版社,2022.7
(复旦史地丛刊)
ISBN 978-7-309-16228-8

Ⅰ.①历… Ⅱ.①段… Ⅲ.①黄淮平原-水灾-影响-行政区划-调整-研究-明清时代
Ⅳ.①P426.616②D691.22

中国版本图书馆 CIP 数据核字(2022)第 106215 号

历史政治地理对水患的响应:以明清时期的黄淮平原为中心
段 伟 著
责任编辑/赵楚月

复旦大学出版社有限公司出版发行
上海市国权路 579 号 邮编:200433
网址:fupnet@fudanpress.com http://www.fudanpress.com
门市零售:86-21-65102580 团体订购:86-21-65104505
出版部电话:86-21-65642845
江阴市机关印刷服务有限公司

开本 890×1240 1/32 印张 8.375 字数 176 千
2022 年 7 月第 1 版
2022 年 7 月第 1 版第 1 次印刷

ISBN 978-7-309-16228-8/P·17
定价:58.00 元